版面设计

主　编　张曼娟

副主编　左勇威　李　芳　刘　卓

　　　　王文超　张焱婷

参　编　郭雪晨　宋敏敏

北京理工大学出版社

BEIJING INSTITUTE OF TECHNOLOGY PRESS

内容提要

本书根据高等院校学生认知特点编写而成，模块一从认识"图"入手，分析图片性质和信息，讲解选图、裁图和排图。模块二了解和认识"字"，包括字号、字符、字体、字距、词、句、段和编排等。模块三讲解版面设计中最经典的"网格"工具，为设计师提供了一种快速设计版面的途径，依靠网格系统就可以设计出美观的版式效果。特别是针对大篇幅、多页面的报纸、杂志、图书、画册的排版时，运用规范的网格系统来编排内容，工作效率将大幅提升，同时，可以轻松地创作出严谨而富有节奏且充满理性之美的版面视觉效果。模块四学习用理性思维的有效方法解决配色问题，并尝试拓展版面设计的范畴。模块五以图解、图表、表格、统计图、地图、图形符号等方式，将信息图标进行分类和呈现，确保信息更为明确、有效地为人们所接受。

本书可作为高等院校设计类相关专业教学用书，还可以作为其他相关专业、学校和行业、企业的参考书。

图书在版编目（CIP）数据

版面设计 / 张曼娟主编.--北京：北京理工大学出版社，2024.3

ISBN 978-7-5763-3234-6

Ⅰ.①版… Ⅱ.①张… Ⅲ.①版式－设计－高等学校－教材 Ⅳ.①TS881

中国国家版本馆CIP数据核字（2023）第233629号

责任编辑：王梦春	文案编辑：闫小惠
责任校对：周瑞红	责任印制：王美丽

出版发行 / 北京理工大学出版社有限责任公司	
社　　址 / 北京市丰台区四合庄路6号	
邮　　编 / 100070	
电　　话 / (010) 68914026（教材售后服务热线）	
(010) 68944437（课件资源服务热线）	
网　　址 / http：//www.bitpress.com.cn	
版 印 次 / 2024年3月第1版第1次印刷	
印　　刷 / 河北鑫彩博图印刷有限公司	
开　　本 / 889 mm×1194 mm　1/16	
印　　张 / 9.5	
字　　数 / 277千字	
定　　价 / 89.00元	

前　言

　　版面设计是现代设计艺术的重要组成部分，是视觉传达的重要手段，是设计人员必备的基本功之一。版面设计是一门实践性很强的专业基础课程，与设计类专业群和专业课紧密关联。编者通过近年来的教学实践经验和对设计专业相关行业、企业对人才需求现状的调研了解，发现与行业、企业联合共同开发课程和教材，并将真实项目、课 / 赛题引入课堂教学，以赛促教，以教促学，确保设计应用型人才培养质量，才能实现教学与市场需求的无缝对接。

　　本书以习近平新时代中国特色社会主义思想为指导，积极推进党的二十大精神进教材。教材编写符合职业教育和新形态教材的基本特征，教学目标体现需求导向，教学内容体现工作任务导向，编写主体体现双元组合，教学方法体现学生发展本位。

　　本书的特色与创新表现在：一是建立并使用网格系统。网格系统是设计师用来在画面中编排信息的骨架，是完成理性设计的一种手段。将版面通过格子分割，让各种视觉元素条理清晰、主次分明、井然有序地排布在一个版面中，有效地强调版面的比例感和秩序感，具有逻辑美感。二是重视中文排版。每一个文化群体都拥有自己的语言、文字、书写系统。将书写系统在虚拟空间再现，对文化资产的传承而言，是信息传播技术的重要责任。中文排版有别于其他书写体系，是一个有设计逻辑的系统。厘清中文排版设计的要素和思路，结合计算机排版的实际，对中文排版进行梳理和学习是设计专业的任务，也是传承优秀传统文化和建立文化自信的重要手段。

　　习近平总书记指出：要用好课堂教学这个主渠道，思想政治理论课要坚持在改进中加强，提升思想政治教育亲和力和针对性，满足学生成长发展需求和期待，其他各门课都要守好一段渠、种好责任田，使各类课程与思想政治理论课同向同行，形成协同效应。版面设计是艺术设计类专业的核心课程，学生不但要学好这门课的技能，还要培养自己的职业素养。本书将感受美、认知美、表达美贯穿于教学全过程，同时将中华优秀传统文化的学习和德育价值观的引领融入课堂，能够形成育人育才协同效应，达成育人目标。特别是对中文排版的学习和实践，能让学生树立本土设计意识，强化本土设计语言，增强设计自信。

　　本书的编写得到了呼和浩特职业学院各级领导、教务处及教材科的大力支持和各位同事的无私帮助，同时也得到了涌光设计工作室的鼎力支持，在此表示诚挚感谢！

　　由于编者水平有限，书中难免存在疏漏之处，敬请各位读者批评指正。

编　者

CONTENTS
目　录

01　模块一　图

单元一　走近图片 // 001

知识梳理 // 002

图片的构成单位——像素 / 图片的质量 / 图片的性质

任务实训一　寻找像素 // 005

任务实训二　图片质量的比较与分析 // 006

任务实训三　位图与矢量图的属性分析与应用 // 007

单元二　图片的信息传达 // 008

知识梳理 // 008

图片中的正负空间 / 不同图片信息传达 / 相同图片传达不同信息

任务实训一　传统水墨作品正负空间在版面设计中的应用 // 016

任务实训二　利用手机拍摄体会图片的信息传达 // 017

任务实训三　相同图片表达不同信息的版面设计 // 018

单元三　版面中的图片信息 // 019

知识梳理 // 019

排列构图 / 阅读顺序

任务实训一　版面编排构图训练 // 026

任务实训二　画册版面编排设计 // 027

单元四　版面氛围 // 028

知识梳理 // 028

图片内容 / 版面构图与图占比

任务实训一　概念场景图片绘制与版面氛围营造 // 033

任务实训二　宣传册版面编排设计 // 034

02　模块二　字

单元一　字号设置 // 037

知识梳理 // 037

认识字号 / 实际印刷 / 设计应用

任务实训一　观察并编辑字号　//　040

任务实训二　认识印刷字体字号　//　041

任务实训三　设计个人简历　//　042

单元二　字符　//　043

知识梳理　//　043

中文字符 / 英文字符 / 标点符号

任务实训一　名片设计　//　046

任务实训二　明信片设计　//　047

任务实训三　请柬设计　//　048

单元三　字体　//　049

知识梳理　//　049

印刷体 / 美术体 / 书法体

任务实训一　编辑制作印刷体　//　052

任务实训二　编辑制作美术体　//　053

任务实训三　设计编排电影海报　//　054

单元四　多字　//　055

知识梳理　//　055

词 / 句 / 段 / 文字编排

任务实训一　菜单内页编排设计　//　065

任务实训二　产品介绍页编排设计　//　066

任务实训三　产品说明书编排设计　//　067

任务实训四　书籍内页编排设计　//　068

03　模块三　版面元素与网格

单元一　版面元素　//　070

知识梳理　//　071

点 / 线 / 面 / 点、线、面的关联

任务实训一　点的分析与布局训练　//　080

任务实训二　线的分析与布局训练　//　081

任务实训三　面的分析与布局训练　//　082

任务实训四　点、线、面关联的分析与布局训练　//　083

单元二　网格　//　084

知识梳理　//　084

网格的水平构成 / 网格的水平垂直构成 / 网格的倾斜构成 / 四边联系与轴线的关系 /

网格分栏与构图比例

任务实训一　网格的水平构成编排设计　//　096

任务实训二　网格的水平垂直构成编排设计　//　097

任务实训三　网格的倾斜构成编排设计　//　098

任务实训四　书籍版面设计　// 099

任务实训五　促销宣传册中网格分栏编排设计　// 100

04　模块四　色彩

单元一　色彩联想　// 102

知识梳理　// 103

任务实训一　版面中的色彩联想训练　// 109

任务实训二　"色彩联想"系列海报设计　// 110

任务实训三　"色彩联想"主题宣传画册设计　// 112

单元二　色彩搭配　// 114

知识梳理　// 114

任务实训一　版面中的色彩搭配训练　// 121

任务实训二　"多色搭配"邀请函设计　// 122

任务实训三　"多色搭配"节气台历、书签设计　// 124

05　模块五　版面拓展——信息图标

单元一　象形图　// 127

知识梳理　// 128

象形图初识 / 象形图的制作

任务实训一　活用象形图　// 134

任务实训二　制作象形图　// 135

单元二　图解　// 136

知识梳理　// 136

认识图解 / 图解的制作

任务实训一　图解制作前准备　// 138

任务实训二　制作图解　// 139

单元三　信息图表　// 140

知识梳理　// 140

认识信息图表 / 信息图表的制作

任务实训一　确定信息图表内容　// 143

任务实训二　制作信息图表　// 144

参考文献　// 146

模块导读

　　图像或图形是设计中极其重要的元素，它们能够为页面增加视觉效果，帮助传达信息和引导读者的注意力。本模块选取紧紧围绕工作任务完成的需要来进行阐述，通过模块的学习，可让初学者了解和认识版面设计中的图片、图片的信息传达、版面中的图片信息，以及图片对版面氛围的影响，为后面的版面设计学习打好基础。

单元一　走近图片

课件：图

■ **学习目标**

　　1. 了解版面设计中图片的基本知识。

　　2. 掌握版面设计中图片的构成单位、图片的质量、图片的性质等基本知识，为后续版面设计的学习和实践做准备。

　　3. 在学习与交流中养成主动学习的习惯，培养、提升沟通和表达能力以及严谨的工作态度。

■ **单元导学**

　　在版面设计中，人们最容易注意到的可能就是图片，这里的图片其实是指用点、线、符号、文字和数字等描绘事物几何特征、形态、位置及大小的一种形式。随着数字采集技术和信号处理理论的发展，越来越多的图片以数字形式存储。

　　图片的数字存储格式有很多，但总体上可以分为点阵图和矢量图两大类，BMP、JPG 等格式是点阵图形，Shockwave Flash、CorelDraw、Adobe Illustrator 等格式的图形属于矢量图形。

　　那么，数字图像是怎么构成的？不同的媒介载体对图像的质量有不同的要求，通过什么标准来判断图像的应用范围呢？不同类型的图片有自己独特的性质，在实际设计中，如何通过图片的性质，选择图片类型呢？

　　本单元将通过对图片的构成单位、图片的质量和图片的性质的学习，为大家解读以上相关问题。在学习的过程中，学生可通过资料收集、对比评价、交流讨论等方式加强学习效果。

■ 知识梳理

知识点一　图片的构成单位——像素

视频：像素

　　像素是图像的基本单位及其在计算机屏幕上的表现形式，对图片的质量、处理和编辑有重要的影响。像素在数字图像处理中起着至关重要的作用，它被广泛应用于各个领域，比如数字摄影、图像编辑、计算机图形学、医学影像等。

　　像素（Pixel）是图形元素（Picture Element）的简称，是表示屏幕颜色与强度的一个单位，是能够定址和分配颜色值的最小单位。由于计算机的显示器只能在网格中显示图像，因此，人们在屏幕上看到的图形均显示为像素。

　　像素是构成图像的小方格，每一个小方格都有一个明确的位置和被分配的色彩数值，这些颜色和位置不同的小方格组合在一起，就可以呈现一张完整的图像。

知识点二　图片的质量

　　图片的清晰程度和图片所占存储空间的大小，会直接影响版面编排的视觉效果及观看感受。针对不同的媒介载体，在实际的版面编排中，要通过技术手段对图片进行适当的处理，才能更好地符合载体需求，因此，了解影响图片质量的因素就显得尤为重要。

　　图片质量是指人们对一幅图片视觉感受的主观评价，一般被理解为图片的逼真程度，也就是图片可以被识别和理解的程度。通俗地讲，人眼能清晰地分辨图片中的事物，对图片中前景和背景、物体的轮廓和纹理等能较好地区分，则说明图片质量好，反之则图片质量差。

1. 清晰度

　　图片清晰度是指影像上各细部、影纹、边界等的清晰程度，是衡量图片质量高低的一个重要指标。图片清晰度主要与像素和分辨率有关（图1-1）。

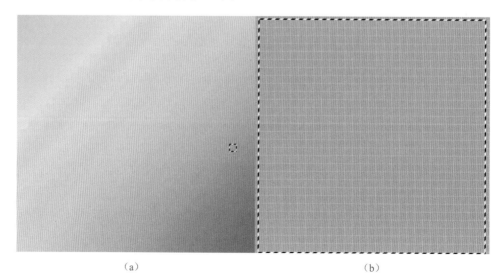

（a）　　　　　　　　　　　　　　　　　　　　　　（b）

图1-1　清晰度

（a）人们看到的图像整体效果；（b）左侧选择区域放大以后的效果，出现了像素格

2. 分辨率

图片分辨率是指图片中存储的信息量，进一步可理解为图片单位面积内有多少个像素点。分辨率的单位通常为 PPI（Pixels Per Inch），叫作像素每英寸，在一些位图软件中，也可以将单位英寸换成厘米。图片分辨率设置的数值大小可以改变和影响图片的清晰度，进而影响图片质量（图 1-2）。

（a）　　　　　　　　　　　　　　　（b）

图 1-2　分辨率

（a）分辨率较高的图片，较为清晰，色彩层次自然；（b）分辨率较低的图片，画面粗糙，清晰度不高

知识点三　图片的性质

依据图片的性质，可以把图片分为位图和矢量图两种。它们各具特色，应用范围和使用场景也不同，通过任务实训三的学习，人们可以更好地了解它们各自的优势、特色，为后期版面设计实操打下基础。为了对比位图与矢量图，可以通过版面设计常用的位图软件 Adobe Photoshop 和矢量图软件 Adobe Illustrator 进行效果对比，要熟练掌握这两款软件的基本操作，以保证训练任务的顺利完成。

在版面设计过程中，人们会使用相应的计算机软件对数字化图片文件进行处理和再创造，由于不同软件的运算方式不同，其产生的图片文件的属性也会有所区别。数字化的图形图像，按照属性不同可以分为位图和矢量图。

1. 位图

位图是由很多带颜色的小方块组合在一起形成的图片，这些小方块就是像素，因此位图也叫作点阵图（图 1-3）。

2. 矢量图

矢量图也称向量图，是图形软件通过数学的向量方法，根据几何特性进行计算而得到的图形，是由数学定义的直线和曲线构成的。

在处理位图时，输出图像的质量是由处理过程开始时设置的分辨率的高低决定的，放大之后就不精细了。矢量图的质量与分辨率是没有关系的，其可以任意放大或者缩小，且不会影响输出图像的清晰度。相对而言，矢量图占用的存储空间较之位图会更小（图 1-4）。

位图显示的效果更接近真实，色彩层次更丰富；而矢量图在颜色的细微变化、色调过渡效果上的表现度是有欠缺的，其图像所呈现的效果更像手绘出来的美术效果。

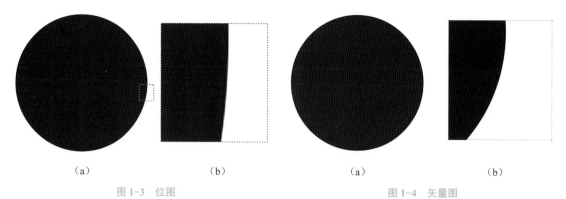

（a）　　　　　　　　　　　（b）　　　　　　　　　　　　（a）　　　　　　　　　　　（b）

图 1-3　位图　　　　　　　　　　　　　　　　　　图 1-4　矢量图

（a）位图图像；（b）左侧图像选取部分的放　　　　　（a）矢量图像；（b）左侧图像局部放大图，
大图，可见边缘不够清晰，继续放大像素点明显　　可见边缘依然清晰，继续放大图像依然可以保持较好的清晰度

■ 任务实训一 寻找像素

任务要求

1. 观察网站和书籍上的图片或者通过计算机制图软件，看看可不可以找到像素的痕迹，分析像素在图形构成中的作用。

2. 收集相关的样例，观察特点，并做好记录以方便表述，养成主动查找设计资料的学习习惯。

3. 说说收集资料的分析结果，将图片与文字资料用 PPT 的形式进行课堂展示，与教师和同学交流讨论，分享学习成果。

任务评价

任务内容			寻找像素		
	环节		评价内容	自我评价	学生互评
任务评价	资料准备	资料收集（30分）	收集资料具有全面性、客观性		
			记录翔实，分析结果提炼精准		
	交流互动	展示讲解（30分）	PPT 制作精美		
			在展示过程中，讲解明确、表达清晰、交流主动		
	综合表现		完成时间（10分）		
			工作态度（10分）		
			软件应用（10分）		
			综合素养（10分）		
	个人小结				
任务反馈	教师评价				
	综合评价				

注：1. 任务评价各项内容按权重指标评分：自我评价 20%，学生互评 20%，教师评价 60%。
　　2. 个人小结要求不少于 300 字。

■任务实训二　图片质量的比较与分析

任务要求

1. 收集关于不同媒介对图片质量要求的标准资料，以备在今后的版面设计实操过程中进行参考，收集的数据内容要保证准确，保持严谨的工作态度。

2. 通过 Adobe Photoshop 图像编辑软件，绘制内容相同，但是分辨率不同的图形，做简单的排版，并进行实物打印。

3. 针对上述打印实物，进行视觉效果对比分析，说说不同分辨率的图片在打印后出现的不同效果，在小组内或班级内进行个人表述分享。

任务评价

任务内容			图片质量的比较与分析		
	环节		评价内容	自我评价	学生互评
任务评价	任务实操	设计制作（30分）	图形处理视觉效果		
			版面设计具有美观性、合理性		
	交流互动	分析交流（30分）	对比分析结果清晰、明确		
			互动交流主动积极		
	综合表现		完成时间（10分）		
			工作态度（10分）		
			软件应用（10分）		
			综合素养（10分）		
	个人小结				
任务反馈	教师评价				
	综合评价				

注：1. 任务评价各项内容按权重指标评分：自我评价 20%，学生互评 20%，教师评价 60%。
　　2. 个人小结要求不少于 300 字。

任务实训三　位图与矢量图的属性分析与应用

任务要求

1. 分别在位图软件 Adobe Photoshop 和矢量图软件 Adobe Illustrator 中绘制相同的图形，将矢量图与位图进行放大后的效果对比，观察结果，并做好记录。

2. 分别在位图软件 Adobe Photoshop 和矢量图软件 Adobe Illustrator 中处理相同的图像，观察处理后的视觉效果，对比在色彩的丰富程度上有什么区别，哪一个更真实，细节更丰富。

3. 对上面图片分别进行保存，比较位图与矢量图在存储空间占用上有何区别。

4. 将上述结果整理后，与同学和教师进行分享交流。

任务评价

任务内容			位图与矢量图的属性分析与应用		
	环节		评价内容	自我评价	学生互评
任务评价	任务实操	设计制作（30分）	较好地应用图片属性知识，处理设计实操问题		
			图片及版面视觉效果对比分析记录详尽		
	交流互动	交流分析（30分）	对比分析结果清晰、明确		
			主动获取交流成果，并进行作品优化应用		
	综合表现		完成时间（10分）		
			工作态度（10分）		
			软件应用（10分）		
			综合素养（10分）		
	个人小结				
任务反馈	教师评价				
	综合评价				

注：1. 任务评价各项内容按权重指标评分：自我评价 20%，学生互评 20%，教师评价 60%。
　　2. 个人小结要求不少于 300 字。

单元二　图片的信息传达

■学习目标

1. 了解图片信息传达的基本理论。

2. 掌握常用的画幅比例模式要求和信息传达的特点。

3. 掌握版面设计中构图的基本知识，并学会结合信息特征选择有效的、具有审美特征的版面设计构图方式。

4. 培养独立分析思考，认真仔细，按时、按质、按量完成任务的工作态度和习惯。

5. 引入中国传统水墨作品构图，弘扬中华优秀传统文化，培养文化自信。

■单元导学

随着数字化时代的到来，新媒体技术的发展，数字图像技术越来越广泛地应用于现代设计中，大众对信息传播的图像化需求正在不断提升。图形本身具有极高的识别性，其形象性的特征往往更容易让信息内容生动形象地进行传达，一目了然，更容易吸引消费者的注意力。版面设计中图片传达信息，需要注意通过设计师巧妙的构思、独特的表现和处理方式对图形图像进行再创造，调整构图、画幅比例和图片处理风格来提升图片信息传达效率。

在实际的设计和应用中有哪些独特且有代表性的图片类型，会给观者带来什么样的视觉心理感受，传递怎样的信息？如何处理图底关系？画幅比例是什么，有哪些常用的类型，对信息的传达会产生什么样的影响？怎样通过不同的处理手法得到风格各异的图片元素？

本单元主要针对图片的信息传达内容，从图片中的正负空间、不同图片信息传达、相同图片传达不同信息等方面进行解读，从相同图片传达不同信息和不同图片表达相同信息两个角度，进行对照分析，揭示实际设计中图片信息传达的具体方法。在学习过程中，建议使用实例分析、实践操作、合作交流等方式，提升学习效果。

■知识梳理

知识点一　图片中的正负空间

在中国传统水墨作品中，"空"作为一种美学思维源源不绝，很多设计都受到了这种思维的影响，展现了独特的视觉效果。在版面设计中，正负空间的巧妙运用能够营造出简练而又富有深层含义的视觉形象，给人留下深刻的印象。

图片中的正负空间是由原来的图底关系转变而来的。图片中的形体通常叫作图，或者是正形、正空间；其周围空白的、纯粹的空间叫作底，或者是负形、负空间。一般而言，正空间是画面主体所在的区域，是视觉的焦点区域，而负空间是围绕主体的区域，是背景。正负空间从颜色、造型、含义等方面相辅相成，互为所用，有时也可互相转化，从而形成极具张力的设计表现、独特的信息传达方式和有趣的视觉心理感受（图1-5）。

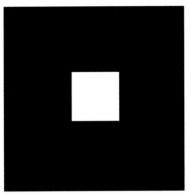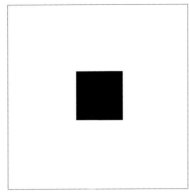

图1-5　正负空间之间相辅相成、互相转化的关系

知识点二　不同图片信息传达

在视觉设计中，扮演不同功能角色的图像，是象征性的情感空间，在观众的脑海里，一幅图像就是一段充满生命力的强烈体验。

相对于语言和文字，图形在版面中的使用，除可以直接表达其主题信息之外，还可以给人们留以无限的想象空间。

在任务实训中，可通过项目实操，进一步掌握不同图片信息传达的特色，并以此控制画面效果和信息传递精度，达到较好的设计效果。

图片的两大要素——形状和色彩是人们接触事物中最本质的元素。人们对图形的注意、辨别、理解，与文字相比要快得多。在版面编排中，使用图形能更快速地传达消费信息，其实现的基础在于图形的画面内容必须服务于版面编排主题。对于同一核心信息，可以尝试采用多种不同的画面内容进行表现。如要表现热这个主题，那么可以思考一下，哪些画面内容可以使用呢？火、沙漠、炙烤、木炭、融化的雪糕、流汗的面孔等，在相同的场景下，不同的构图和取景也会产生不同的视觉效果，在信息的传达上，也会产生一定的差别。因此，在图片编排设计中，要尽量明确主题、深入理解、拓展思路、构思画面内容，为版面设计目的的实现提供更多的尝试和可能（图1-6）。

图1-6　编号1~7不同的取景
（形成不同的画面感，传达的信息也会产生一定的差别）

知识点三　相同图片传达不同信息

许多图片包含的信息非常丰富，多角度、多层次可能涉及多个主题和语境，需要观众自己挖掘和解读，而图片解读又具有一定的主观性，因此，同一图片有时可能会产生不同的理解和认知。

作为设计师，准确传达设计主题信息是设计的关键，对于相同的图片，版面设计中可以尝试从画幅比例、构图、图片处理风格等方面，对图片进行设计优化处理，以保证图片信息传达的准确性，同时，也可以体现视觉艺术的多样性和开放性。

1. 画幅比例

画幅比例是指画面的纵横比。画幅比例的变化可以增强画面的空间感和深度，同时也会影响观者的视觉感受和心理感受，恰当的画幅比例设置，可以更准确地传递版面设计所要表达的主题和意图。

（1）1:1。1:1比例规范、正统，体现一种复古的效果。这种长宽比适合强调主体对象，并能够有效兼顾背景信息，具有明显的优点（图1-7）。

（2）1:2。1:2属于非常规尺寸比例，新兴的1:2的银幕宽高比打破了传统银幕宽高比的限制，既可以专注于体型高大的角色，也能展现宏大的场景。在电视节目中，也更加适配16:9电视屏幕，给电视观众以电影化的视觉体验（图1-8）。

（3）1:3。1:3的画幅比例是将画面进行三等分，这样的比例容易产生上轻、下重的感觉，更符合视觉上的平稳感，中间的1/3自然形成画面中心，有利于突出主体，是画面主体放置的最佳位置，更容易诱导观众将视觉兴趣点放在画面主体上（图1-9）。

图1-7　1:1比例规范、正统　　　　图1-8　1:2适合高大场景表现　　图1-9　1:3中心突出

（4）2:3。2:3这个比例更接近黄金比例，也可通过如黄金分割、三等分等，进行各种划分来安排主体的位置，既可以让主体变得醒目，又符合天然的审美规律（图1-10）。

（5）4:3。4:3是一种历史悠久的画幅比例形式。这种画幅比例能够以更经济的尺寸，展现更多的内容，比例更接近圆形，以裁掉左右两侧过大的空白区域，让画面显得紧凑，让主体显得更近、更突出。当受众在看到4:3的比例时，会比较容易接受（图1-11）。

（6）16:9。16:9这类宽屏最早是为适合人眼的观影习惯和节约成本设置的。人眼左右分布的结构，在视物时，习惯于从左向右，而非优先上下观察，目前的计算机显示器、电子显示屏等显示设备也以16:9的宽幅形式为主，因此，这种比例在电商等以数字媒介为载体的排版设计中应用较为普遍。在图形的版面编排中，16:9的横向构图使画面容纳更多的环境元素，还比较善于表现运动中的形象，纵向构图可以将画面中的主体表现得高大、挺拔、庄严（图1-12）。

（7）19:9。19:9的画幅比例一般是指手机屏幕的长宽尺寸比例。在版面编排中，这样的比例也多用于以移动设备（如手机）为载体的电商、界面设计中。19∶9不仅可以提供更大的画幅尺寸，还可以维持较小的宽度，方便单手操控，更轻巧、容易，而且高屏占比会带来更大的视野及高沉浸感（图1-13）。

图1-10　2∶3最接近黄金比例

图1-11　4∶3画面紧凑、主体突出

图1-12　16∶9适合人眼观看习惯

图1-13　19∶9提供大画幅尺寸，
适合移动设备

（8）21∶9。从设计上来说，21∶9是指画幅的长宽比。这样的画幅比例主要应用在显示器上，也被叫带鱼屏，是显示器中的一种异形屏幕。当以21∶9进行图片版面编排时，如果将主体形象分布于较宽的横向视域中，将更好地发挥其视野广阔的优势，产生更好的编排效果，为受众带来全新的体验（图1-14）。

（9）1∶0.618。1∶0.618也就是黄金分割率，事实上，人的大脑似乎更喜欢黄金比例的物体和图片，这是一种潜意识的吸引。这样的画幅比例在图片的编排设计中使用，能使作品为人们带来恰到好处、自然和谐之美及赏心悦目的感觉。对于图片而言，布局自然是非常重要的，黄金比例可以让图片变得更容易产生心理共鸣，更容易让重要信息脱颖而出（图1-15）。

图1-14　21:9视野广阔，适合展示全景

图1-15　1:0.618体现自然、和谐之美

2. 构图

构图是造型艺术的专用名词，是指作品中艺术形象的结构配置方法。根据题材和主题思想的要求，把要表现的形象适当地组织起来，构成一个协调的、完整的画面。

（1）二分法构图。二分法构图是以中垂线分割画面，右半部分形象占满版、左半部分留空的构图方法。这样不仅能确定画面重心所在，还因留白平衡了左右画面。二分法构图的关键点在于1/2的对称构图，即主体占画面的1/2（图1-16）。

（2）三分法构图。三分法构图是以三等分分割画面，使构图产生有趣的视觉效果。三分法构图的原理提示人们，当画面被水平线和垂直线三等分后，四个交点和其构成的空间是画面重点。三分法构图的关键点在于1/3等分，两个主体紧密相连，进而成为一个整体（图1-17）。

（3）十六等分构图。十六等分构图是以十六等分分割画面，以1/16的矩形为最小的网格单位，属于条理分明的常规构图。十六等分构图的关键点在于1/16等分，两个主体处于分离状态，但互相关联，画面整洁不杂乱（图1-18）。

图1-16 二分法构图，左右对称、重心明确　　　图1-17 三分法构图，主体之间有联系，整体性强

（4）黄金分割构图。黄金分割构图具体的方法是分别找平行、垂直的黄金分割线，找到其交叉点，以确定画面主体位置。黄金分割构图的关键点在于掌握黄金分割的比例1∶0.618，画面采用单独的主体，并且主体形象采用局部表现，有利于扩展观者联想和想象的空间。这种分割方法的主要特色是画面整体简洁干净，主体以线为表达形式，给人肃静安详的感觉（图1-19）。

图1-18 十六等分构图，条理分明，可分可合　　　图1-19 黄金分割构图，黄金分割点突出主体，达到画面的自然平衡

（5）最佳兴趣点构图。版面对角线的垂线与对角线的交点，称为最佳兴趣点。当画面的主体在最佳兴趣点位置时，其也就处于整个画面最吸引人的部分，正方形的最佳兴趣点为其几何中心。最佳兴趣点构图可以使画面主体在整个画幅占比小的情况下，还可以成为整个画面的视觉焦点（图1-20）。

（6）对角线构图。对角线构图是以对角线分割画面，对角线是最具有动态的线条，指明视线运动方向，视线会沿着对角线移动，对角线汇于中心，中心位置尤为重要。对角线构图的关键点在于版面对角连线构图，画面主体与局部之间的关联性更强（图1-21）。

图 1-20　最佳兴趣点构图，突出视觉焦点　　　　　　图 1-21　对角线构图，有利于动态表现，引导视线

3. 图片处理风格

（1）彩色。彩色图片是最为常见的图片形式，写实照片、绘画作品、商业插画等大多数是以色彩结合造型呈现的。其优势在于可以利用彩色的色相、冷暖、明暗等关系变化，体现更多的画面层次，赋予画面更多的内涵及丰富的视觉心理体验。

（2）去色。去色是指将彩色图像通过运算转化成黑白或灰度图像，主要用黑、白、灰来表达原来的图像。通俗地说，是指将图片的彩色"去掉"，而使用黑、白、灰来还原对象信息。

无彩色图片给人的感觉更加回味绵长，视觉表达更加纯粹，更有艺术性。由于只用黑、白和中间渐变的灰三种单色来表现物体，使观者更容易将注意力集中在图像主体的形状、线条和图案上，画面显得简约、平静、抽象和隐喻，更容易产生心理上的冲击，引发观者的联想（图 1-22）。

图 1-22　相同的图片，彩色和无彩色效果提供了不同的视觉感受

（3）效果。在图片的编排设计中，包括写实风格在内的图片元素，几乎都要经设计软件的处理后才可以在设计中应用。对图片进行处理的主要目的在于，弥补原始图片的缺憾和不足、提升审美感受、展示不同表现类型和风格特色、塑造特殊内涵、引起想象和联想、加强主题信息传达等。

　　常见的处理效果有退底处理，将画面背景换成纯色或无色，有利于突出主体；增加投影及调整色彩三要素，增强画面立体感和层次感；进行肌理表现，提升质感；进行虚实处理，避免视觉干扰；在原图中对相关元素进行镜像、旋转、错位、重复、叠加、覆盖、裁剪、打散重构等，以丰富画面感受，增强图片的感染力，产生新奇、有趣的视觉效果（图1-23）。

图 1-23　相同的图片，不同的处理效果，使画面感觉更丰富，产生有趣的视觉效果

视频：画幅比例

■ 任务实训一　传统水墨作品正负空间在版面设计中的应用

任务要求

1. 收集中国水墨绘画作品，分析其正负空间的构图特点，谈论审美感受，并进行总结和提炼，为后续具体的版面设计项目训练与学习做准备。

2. 以收集资料为基础，自拟主题，通过改变主体的面积，看一看正负空间不同设置的视觉效果，总结合理利用正负空间的重要性，操作中要按时、按质、按量完成任务。

3. 参考知识梳理中的图片，尝试在图像编辑软件中进行设计并分析思考，体会正负空间的作用关系。

任务评价

任务内容			传统水墨作品正负空间在版面设计中的应用		
	环节		评价内容	自我评价	学生互评
任务评价	资料准备	资料收集（15分）	收集的图片资料具有较好的审美		
	任务实操	设计制作（45分）	独立分析、认真思考，并提出新颖、有创意的设计主题		
			应用相应的知识进行正负空间设计		
			体现中国传统水墨作品构图中的编排特色		
	综合表现		完成时间（10分）		
			工作态度（10分）		
			软件应用（10分）		
			综合素养（10分）		
	个人小结				
任务反馈	教师评价				
	综合评价				

注：1. 任务评价各项内容按权重指标评分：自我评价20%，学生互评20%，教师评价60%。
　　2. 个人小结要求不少于300字。

■任务实训二 利用手机拍摄体会图片的信息传达

任务要求

1. 使用手机对同一场景进行拍摄，拍摄过程中尝试不同的取景位置和角度，控制画面的视觉效果，拍摄多张照片。

2. 利用图片处理软件将所有照片排在一个版面中，进行效果对比，看看在信息传达上，产生了哪些变化，并与同学、教师进行交流分享。

3. 自拟一个关键词，如青春、时尚、新鲜等，尝试用不同的图片对其进行诠释，可以把内容、色彩、风格等作为选择要素，在图像编辑软件中做简单排版。

4. 将多张作品并置，体会图片给人的视觉感受、情绪体验与信息传达的关系。

任务评价

任务内容			利用手机拍摄体会图片的信息传达		
	环节		评价内容	自我评价	学生互评
任务评价	资料收集	资料拍摄（10分）	画面控制与构图		
			拍摄图片处理		
	任务实操	设计制作（50分）	主题关键词的拟定		
			内容、色彩、风格上的选择与应用		
			作品对主题关键词信息传达的准确性		
	综合表现		完成时间（10分）		
			工作态度（10分）		
			软件应用（10分）		
			综合素养（10分）		
	个人小结				
任务反馈	教师评价				
	综合评价				

注：1. 任务评价各项内容按权重指标评分：自我评价20%，学生互评20%，教师评价60%。
　　2. 个人小结要求不少于300字。

■ 任务实训三　相同图片表达不同信息的版面设计

任务要求

1.通过网络、书籍收集不同画幅比例的图片资料，体会不同画幅比例设置与主题信息和内涵表达的关联性。

2.选择一张写实图片或照片，从主体形象、表现风格、艺术手法、构成特征、版面氛围等多角度、多层次深入挖掘其所包含的信息内容，做好记录，并整理成文本文件。

3.将信息挖掘的写实图片或照片，通过调整画幅比例、改变构图方式、进行图片特殊风格优化处理，来尝试将图片所包含的多重信息中的某一信息进行强调表达。

4.利用处理好的图片或照片，辅以简单的文字，做版面编排训练，可使用 Adobe Photoshop 或者 Adobe Illustrator 等软件完成。

5.体验设计后期处理程序，按照打印要求完成设计，并打印成品。

任务评价

任务内容			相同图片表达不同信息的版面设计		
	环节		评价内容	自我评价	学生互评
任务评价	资料准备	资料收集（20分）	资料结合知识点进行较全面收集		
			记录详细、形成的文本格式规范		
	任务实操	设计制作（40分）	构图及风格优化处理视觉效果		
			信息表达明确、清晰		
			作品规格符合印前要求		
	综合表现		完成时间（10分）		
			工作态度（10分）		
			软件应用（10分）		
			综合素养（10分）		
	个人小结				
任务反馈	教师评价				
	综合评价				

注：1. 任务评价各项内容按权重指标评分：自我评价20%，学生互评20%，教师评价60%。
　　2. 个人小结要求不少于300字。

单元三　版面中的图片信息

■ 学习目标

1. 了解排列构图的基本知识。
2. 了解版面设计中视觉流程的基本知识。
3. 掌握版面设计中排列构图的作用、类型及特点。
4. 掌握通过图片的设置与编排，控制版面视觉流程的方法。
5. 通过对排版布局的学习，提高学生的审美能力，培养学生的创造力、想象力和创新能力。
6. 培养关注他人、认真负责的学习和工作态度。

■ 单元导学

在版面设计中，图片元素除能帮助受众群体更加形象地理解文字含义外，还有丰富版面视觉效果、强调主题的作用。对图片排列构图的设计和调整会产生不同的视觉效果，传递不同的情绪感受。版面设计中的图片越来越多地占据着版面的重要位置，通过图片元素的位置安排，可以有效地引导读者的视线和阅读顺序，从而更好地传达版面中的信息，其是版面设计成功与否的重要影响因素。

在实际的版面设计中，人们总会遇到很多与版面图片信息相关的问题，比如排列构图可以影响图片信息的传播，那么在有限的空间内怎样放置图片呢？如果有多张图片在一个版面中，应当怎么处理才更有利于传递图片信息？在版面设计中怎样编排图片才能更好地引导视觉流程呢？

本单元将通过排列构图、版面设计阅读顺序等知识，对版面中的图片信息做全面的解读。项目内容的重点在于排列构图的效果对比和尝试实践设计，在学习视觉流程时可以实例分析、对比展示等为基础学习方法，提升学习效果。

■ 知识梳理

知识点一　排列构图

图片是版面设计的主角，可以说是构成版面的基本元素。通常情况下，在进行版面设计时，对单个图片进行排版的情况比较少，多数时候是在处理多图排列。

同组图片在有限的空间进行编排设计，不同的排列构图方式给人不同的感受，并且将大大影响页面所呈现的氛围、观者的视觉感受和审美情绪，从而进一步影响最终的信息传播效果。

通过本知识点的学习，可以在图片编排、构图设置等方面，使版面设计作品的信息传播效果及视觉审美得到较好的优化和提升。

1. 均衡构图

均衡构图是以相同的间距，摆放相同的图片，以制造出版面中心，产生沉稳的气氛。这种构图方式的特点是同大、同距编排，均衡摆放图片，产生版面的重心（图1-24、图1-25）。

图 1-24　均衡构图，制造出版面中心，画面沉稳

图 1-25　均衡构图，构图规范，有阵列感

2.平衡构图

平衡构图是将左边图片以满版方式显示，将右边图片缩小，这样不仅能确定重心，而且因大面积留白而平衡了左右页面。这种构图方式的特点是以图片大小、轻重编排，用大而轻、小而重的图片能够较好地平衡版面的视觉印象，从而形成画面的视觉平衡（图 1-26）。

在平衡构图中，可以因情况产生许多有趣的变化，如横置四等分、出血延展均衡、等大等距错位、矩形对称、等大等距竖向错位、对称不等大均衡等灵活的构图形式（图 1-27）。

图 1-26　平衡构图，构图平稳，达到视觉平衡

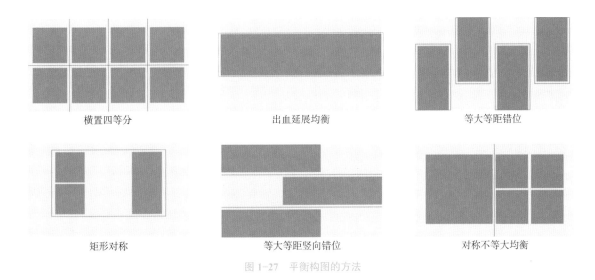

横置四等分　　　　　　　　　出血延展均衡　　　　　　　　等大等距错位

矩形对称　　　　　　　　　等大等距竖向错位　　　　　　　对称不等大均衡

图 1-27　平衡构图的方法

3. 二等分构图

二等分构图是从中对称，使用二分法对要素分类，将两张图片以版面中心分割，这是一种较为常用的对称性构图方式。使用这种构图方式，版面看起来整洁简单、规范均衡。人们可以依据不同的二等分方式，将二等分构图进行拓展以寻求构图变化，具体有左右对称二等分、上下对称二等分、二等分错位、二等分均衡、横竖交叉二等分和二等分均衡等方式（图 1-28、图 1-29）。

图 1-28　二等分构图，版面整洁、规范

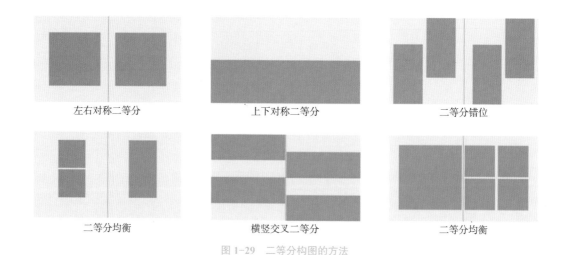

左右对称二等分　　　　　　　上下对称二等分　　　　　　　二等分错位

二等分均衡　　　　　　　　横竖交叉二等分　　　　　　　二等分均衡

图 1-29　二等分构图的方法

4. 中心构图

中心构图是把主体图片放置在画面视觉中心，再将其他图片围绕主体排列，起到烘托和呼应的作用。这样构图的主要优势在于能够将核心内容比较直观地展示给观者，使信息展示更有条理，更容易呈现良好的版面编排效果。值得注意的是，中心构图的中心可以是版面的几何中心，也可以是视觉中心位置，在设计时通常采用将主体重心往四周偏移的方法，从而避免使用中心构图形成的呆板感（图 1-30）。

5. 对角线构图

对角线构图是利用对角线放置图片，使用这种多图的排列方式，不仅能够引导读者据需翻阅下一页，还增加了读者对页外内容的想象，使版面看起来活泼而又富有生气。沿对角线对图形进行编排，可以更好地创造阅读顺序。对角线构图同样可以产生很多变

图 1-30　中心构图，画面重心与版面重心重合，也可与视觉中心重合

化，使置图产生变化，呈现不同的编排效果，比如对角置图、交错强调对角、对角交叉置图、对角线置图、对角线置图双列、对角线置图交叉等（图 1-31、图 1-32）。

图 1-31　对角线构图，产生画面的推移感

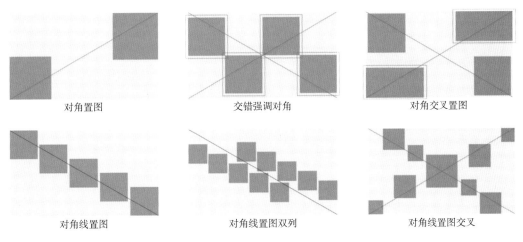

对角置图 　　　　　交错强调对角 　　　　　对角交叉置图

对角线置图 　　　　　对角线置图双列 　　　　　对角线置图交叉

图 1-32　对角线构图的方法

6. 形状构图

在多图编排中，形状构图是很有趣的一种。从图片编排的实际操作来说，形状构图是将多张图片，沿着较为规范的形状轨迹进行编排处理。常用的形状构图编排轨迹有圆形、S形、C形、六边形、三角形、X形等（图 1-33）。当然，在实际的图片编排设计中，也可以尝试更多有趣的形状构图排列方式。但需要注意的是，形状构图所采用的形状应该是相对规范的、具有意义的，避免采用无序、不规则的形状。在图片编排时，也可以同时关注图片的大小关系、色调关系等，在保证版面设计整体性的前提下，寻求图片编排的灵活与变化，减少刻板印象。

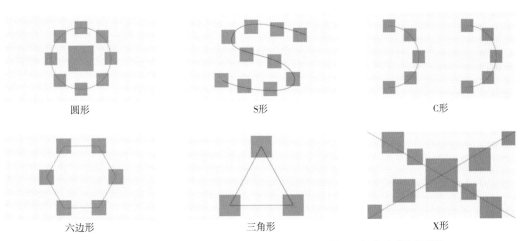

圆形 　　　　　S形 　　　　　C形

六边形 　　　　　三角形 　　　　　X形

图 1-33　形状构图，每一种形状都有自身的特色，构图效果和视觉感受也会不同

知识点二　阅读顺序

在设计高速发展的时代，人们对版面设计的要求越来越高，要想使自己的版面设计在有限时间内吸引人们的注意力，并直接快速地传递信息，就应该有一个表现得当、清晰明了的视觉流程。

设计过程中可以通过选择容易引起观者注意的图片作为设计主体，当人们的视觉对信息产生注意后，形成与周围环境的相异性，视线可以在版面范围内按一定顺序进行流动，并接受其信息。

经验丰富的设计者都对此非常重视，他们善于运用这条贯穿页面的主线，设计易于浏览的版面。

成功的图片编排设计应该具有明晰的视觉层次，使读者不自觉地跟从图片的画面布局轨道而移动，当然，这样的轨道可以是显性的，也可以是隐性的，这种贯穿整个画面的视觉途径或轨道，便是所谓的视觉流程，也可以叫作阅读顺序。它既能遵从人的视觉感受，又能"有意识"地牵引观者按图片的画面视觉次序"无意识"地承受信息的诉求，最后达到强化版面设计信息传达效果的作用。

1. 画面内容

画面内容可以更加直观地将图片编排的阅读顺序传递给读者，因此需要有效地依据人们的既定思维，更好地利用图片的色彩变化、明暗变化、动静变化、时间推移、因果关系、场景变化等将图片编排的阅读顺序有效地呈现在读者面前（图 1-34）。

2. 图片在版面中的大小

在版面设计的多图编排处理中，大小关系是最基本的，也是最重要的造型要素。通过对图片的大小处理，可以明确画面的意象与感觉。通过大小对比可以使设计看起来更有层次，从而制造视觉落差，产生动感效果，表现空间关系，同时也可以起到平衡画面、稳定版面等作用。通常情况下，人们的视线很容易被大的物体吸引，而有些时候人们往往更容易被小的东西吸引，比如当人们拿起一枚扣子时，更容易将视觉焦点放在扣眼上。因此，对图片进行大小处理时，其用法需要根据传达的意思以及信息量、版面空间灵活调整，这样才能达到最佳编排效果（图 1-35）。

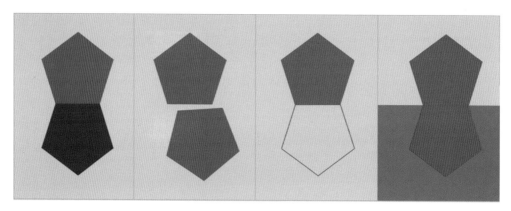

图 1-34　利用明暗、错位、线面、背景的变化提供不同的阅读顺序

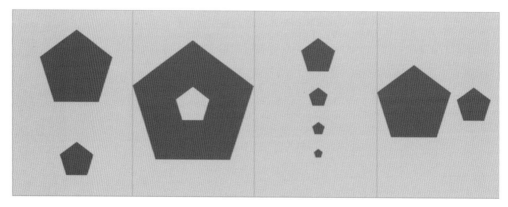

图 1-35　大小关系可以影响阅读顺序

3. 图片在版面中的位置

通过前面构图形式的介绍，可以发现版面编排中会有很多可用的视觉中心，比如画面中最容易注目的视觉中心、版面的左上或中上的最佳视域、对角线的交点、X 形构图的交叉点、纵横黄金分割线的交点、圆形构图的圆心、C 形构图的开口位置等，这些都可以作为人们构建版面视觉流程的核心点，在图片编排中可将主体图形、重点表现图形、具有引导性的图形放在这样的位置，然后依次把图片元素从主到次，按照既定轨迹进行编排，以达到引导读者视线，帮助构建良好版面设计视觉流程的目的（图 1-36）。

图 1-36　在面积相近的情况下，图像在版面中的位置会对阅读顺序产生影响

视频：排列构图

■ 任务实训一　版面编排构图训练

任务要求

1.选择一张图片，进行适当的图片风格处理，作为构图训练的主体图形元素。

2.构图限定条件为以固定尺寸的正方形或长方形为版面空间。

3.对应排列构图方式进行图片编排设计训练，最大限度地利用固定版面空间进行排列构图控制训练，培养创造力、想象力和创新能力。

4.在保证符合编排构图要求的前提下，提升作品的视觉效果，提高审美能力。

5.作品在图形编排设计软件中设计完成后，进行实物打印。

任务评价

任务内容			版面编排构图训练		
	环节		评价内容	自我评价	学生互评
任务评价	资料处理	图片处理（10分）	图片的处理视觉效果好，具有较好的审美		
	任务实操	设计制作（50分）	构图限定尺寸规范		
			较好地利用版面构图空间		
			编排美观，能够充分发挥想象力，具有创新性		
	综合表现		完成时间（10分）		
			工作态度（10分）		
			软件应用（10分）		
			综合素养（10分）		
	个人小结				
任务反馈	教师评价				
	综合评价				

注：1. 任务评价各项内容按权重指标评分：自我评价 20%，学生互评 20%，教师评价 60%。

　　2. 个人小结要求不少于 300 字。

■任务实训二 画册版面编排设计

任务要求

1. 以全国职业院校技能大赛视觉艺术设计赛项中的赛题作为主题设计制作宣传画册，使用素材需要自行绘制，创意元素、创意内容、表现形式不限。

2. 设计稿的设计制作要认真、严谨，印前文件中应包含 CMYK 色块、出血、裁切标记等相关信息。

3. 重点关注画册版面的视觉流程设计，注重版面的视觉审美和视觉流程的合理性，重视观者的心理感受。

任务评价

任务内容			画册版面编排设计		
	环节		评价内容	自我评价	学生互评
任务评价	资料处理	素材绘制（10分）	素材绘制精美，能准确反映主题内容		
	任务实操	设计制作（50分）	设计主题表达明确		
			设计创意新颖		
			版面构图合理、美观		
			视觉流程明确		
			设计稿规格符合印前文件标准		
	综合表现		完成时间（10分）		
			工作态度（10分）		
			软件应用（10分）		
			综合素养（10分）		
	个人小结				
任务反馈	教师评价				
	综合评价				

注：1. 任务评价各项内容按权重指标评分：自我评价 20%，学生互评 20%，教师评价 60%。
   2. 个人小结要求不少于 300 字。

单元四　版面氛围

■学习目标

1. 理解和认知版面设计中图片内容与版面氛围之间的关系。

2. 了解并掌握图占比的基本理论知识。

3. 在实际设计训练中，能够通过控制版面构图与图占比实现版面氛围的营造。

4. 在设计中需要考虑受众的感受和需求，具备社会责任感。

5. 在项目中发挥创造力和想象力，不断尝试新的设计风格和元素，培养创新思维能力和艺术鉴赏能力。

■单元导学

版面氛围是版面设计中非常重要的一个方面，设计师需要根据品牌形象和目标用户的需求选择合适的元素来营造独特的氛围，以便更好地传递品牌信息和吸引用户，不同氛围的图文排版组合，演绎不同的版面风格。设计中可以通过图片内容、版面构图与图占比等方面的编排设计，实现版面氛围的营造。

图片内容是营造版面氛围重要的、基础的方法，用图片内容表达情绪和风格，简单且直接。实际设计中也经常使用版面构图以及图占比的控制作为版面氛围营造的一种方法，那么什么是图占比？怎样控制图占比能实现迎合主题，增强视觉效果的目的呢？

本单元将解读关于版面氛围与图片内容、版面氛围与构图和图占比的关系，以达到优化版面编排视觉效果的目的。

■知识梳理

知识点一　图片内容

图片不仅能够吸引读者的注意力，还能够传达一种氛围和情感，为版面增添故事感。首先需要选择与自己的版面设计主题和风格相符的内容元素，保证能够激发人们的情感共鸣或具有故事内涵。

可以使用对比和重复等平面设计技巧来创建视觉上的节奏和焦点，使用 Adobe Photoshop 或其他图像处理软件对图片进行后期处理，例如调整亮度和对比度，调整颜色，增加滤镜效果或者进行一些剪裁和旋转，都可以增强图片的表现力和氛围感。

在版面设计中，可以通过有氛围感、故事感的图片元素营造出和谐的质感。当图片的视角产生变化时，其画面的氛围也会随之变化，如俯仰角度，容易营造意味特别、极具主观色彩与个人表达的气质；简化画面内容，提升精致感，让浅浅光晕过渡明暗边界，突出主体，塑造神秘意象；协调色彩与饱和度，明亮色彩展现活泼之感，柔和色彩展现唯美之感，灰暗色彩展现阴郁之感；画面本身所具有的远近差异、虚实差异天然营造了思考与品位的空间，促使观者的视线在背景衬托下聚焦于叙事主体，增强画面本身的纵深感与灵动感。当然，也可以根据版面设计的具体要求，打造主题深入、风格鲜明的图片编排设计，这样氛围感的形成便更易达到水到渠成的效果（图 1-37）。

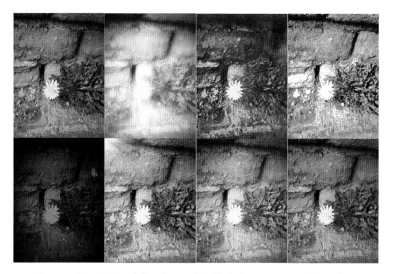

图 1-37　通过色调、光晕、灰度、虚实等特殊处理呈现不同的画面氛围

知识点二　版面构图与图占比

图形在版面中的分布，图占比大的版面令人感到丰富，图占比小的版面令人感觉沉稳。但一味增加图占比就会挤压文字的存在感，使版面显得空洞、乏味。

一般地，需要设计师依据版面的风格定位来灵活调整图占比，使画面富有强烈的视觉起伏与极强的视觉冲击力，吸引受众的注意，从而更好地进行信息传达。

在进行版面构图编排，尤其是处理图片排版时，一个非常值得关注的问题是图片在整个版面中所占的比例，也就是图占比，也可以叫作图版率。这个比例会极大地影响版面的视觉效果、版面氛围、构图规则和阅读顺序等，不同的图占比会传达不同的设计信息。科学研究表明，人们对画面的好感，会随着图占比的增加而增加，画面的表现力、亲和力也会随之加强，而图占比小的画面会给人有格调的、理性的、冷静的感觉。因此，在图占比的实际编排应用中，需要根据版面设计主题的需求来确定图占比的具体比例关系，这样才能达到迎合主题、增强视觉效果、提升信息传播效率的目的。

1. 满版构图

利用满版构图的远景图，可以更好地描写空间。这种构图看上去更加饱满，能较为直观地呈现图片本身所要表达的氛围，传递的感情也更加充沛。图片以这种方式摆放，可以更好地表达图片的客观内容和与之相匹配的画面氛围（图 1-38）。

图 1-38　满版构图，内容完整，空间饱满

2. 二分法构图

二分法构图就是用分割的概念把图片分成上下或左右的构图方法。简单来说，就是让图片有被线区隔开的感觉。将画面一分为二，可以让主体更加突出，增加画面的灵动感。把构图对半分割，可以把分割线变成横向、竖向甚至是斜向，兴趣点视具体情况而定，可放在分割线上，也可放在画面的中央。

（1）二等分。二等分是将图片置于版面左/右面二分之一的位置，与左/右边的区域形成统一的方向性，可以更好地放大情感渲染。例如使用以人物为主角的图片，可以放大局部或适当出血，这样可以更好地诠释图片的情感，也可以让读者更多地关注画面人物的存在感，以及版面整体情感氛围（图1-39）。

图1-39　二等分构图，具有统一的方向性

（2）黄金分割。利用黄金分割比例对画面进行二分处理，利用版面的正负空间区域的面积对比，以确定版面中心。图文之间留白区域既联系版面，又增加空间想象。用较大面积比例的留白配合图片，起到衬托主体的作用，图片四周出血引起读者的探究兴趣，凸显神秘气氛（图1-40）。

图1-40　黄金分割构图

3. 均衡构图

均衡构图给人最直观的视觉感受就是满足、稳定和安全感。首先，画面结构完整，经过设计师的巧妙安排，让画面内的物体对应而平衡，不会产生一头重一头轻的感觉。在构图过程中，可进行部分细节的有趣变化，以规避平衡构图的生硬呆板，从而给人充盈的视觉效果，呈现结构的完整性和画面的整体性（图1-41）。

图 1-41　均衡构图，注意细节调整，视觉效果更佳

4. 形状构图

版面编排按照某种形状排列的构图方法，会在画面中产生韵律并具有层次结构，让观者的视线在形状中固定，同时也可以直接将视线引导到最能展示自己的区域。利用画面中的形状元素或者物体轮廓排列构图，增加了路径变化，使画面的形态更丰富。

（1）圆形构图。圆形构图是由有规律的曲线构成的，因此，它具有曲线优美柔和的特点。此外，圆形完整、流畅、和谐感更强，当这种构图方式被应用在图形元素编排上时，其往往表示团结一致，既包括形式上的，也包括意愿上的，在我国传统纹样中，圆形寓意和合美满（图 1-42）。

（2）三角形构图。利用三角形构图来稳定画面，也可以加入留白等方式，避免编排出现过于牵强的表现形式。当图片不处于满版放置时，可以窗口形式进行编排设计，让读者的视线不断流转于画面之间，更好地增强画面的联想性和图片之间的关联性、故事性。

以倒三角的方式放置多张图片，可以充分地展现画面的视觉冲击感，引导读者从上往下阅读，从多图到集中的变化，可以使读者的视线集中，画面感逐渐从热闹变为冷静（图 1-43）。

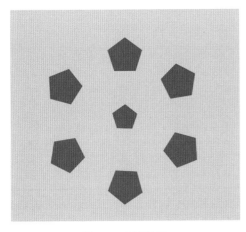

图 1-42　圆形构图

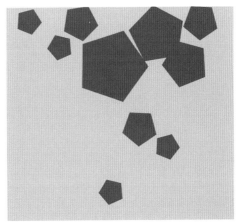

图 1-43　三角形构图

（3）S 形构图。S 形构图优美而富有活力和韵味，构图可分为竖式和横式两种。竖式可表现场景的深远，横式可表现场景的宽广。不论是哪种 S 形构图，都会给人一种美的享受，而且画面显得生动、活泼、富有韵律。读者的视线也会随着 S 形向纵深移动，可有力地表现其场景的空间感和韵律感（图 1-44）。

（4）C形构图。C形构图本身具有曲线结构优美的特点，C形曲线是一种具有动感效果的线条，图片元素编排以C形为轨迹，会使画面饱满而富有弹性。当然也可以利用图片本身的C形元素进行构图，如海滨、弯道、拱桥等，可以产生一种有机、自然、柔和的效果（图1-45）。

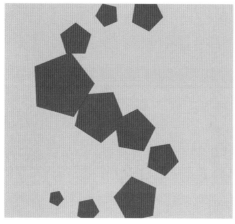

图 1-44　S形构图　　　　　　　　　　　　　　　图 1-45　C形构图

（5）X形构图。X形构图能使画面透视感更强，有利于把人的视线从四周引向中心位置，或者是将人的视线从中心位置引向四周，使画面具有力量感和运动感，能很好地打破视觉上的沉闷（图1-46）。

图 1-46　X形构图

视频：版面编排

■任务实训一　概念场景图片绘制与版面氛围营造

任务要求

1. 以 1+X "数字艺术创作" 职业技能等级考核——平面设计方向试题"概念场景设计"为主题进行任务训练。

2. 使用自选软件（Adobe Photoshop、Corel Painter 或 Easy Paint Tool SAI）依据提供的素材资源，绘制完成相应的概念场景作品。

3. 使用两点透视视角，要求透视关系正确，视觉表现具有概括性与体积感，整体造型立体自然，发挥创造力和想象力，注意营造画面整体的氛围感。

4. 输出图片格式为 JPG 格式，分辨率推荐为 300 dpi，色彩模式为 RGB 模式，单图文件不超过 2 M。

任务评价

任务内容			概念场景图片绘制与版面氛围营造		
	环节		评价内容	自我评价	学生互评
任务评价	资料处理	资料准备（5分）	准确分析任务主题要求		
			相关实例收集		
			设计主题表达明确		
	任务实操	设计制作（55分）	图片绘制精细，视觉效果好		
			版面构图合理、美观		
			视觉流程明确		
			画面氛围感的营造与主题信息一致性		
			作品与受众感受、需求的关联性		
	综合表现		完成时间（10分）		
			工作态度（10分）		
			软件应用（10分）		
			综合素养（10分）		
	个人小结				
任务反馈	教师评价				
	综合评价				

注：1. 任务评价各项内容按权重指标评分：自我评价 20%，学生互评 20%，教师评价 60%。
　　2. 个人小结要求不少于 300 字。

■ 任务实训二 宣传册版面编排设计

任务要求

1.选择全国职业院校技能大赛视觉艺术设计赛项中的品牌推广赛题作为主题设计制作促销宣传册。

2.含封面封底共4页设计（不留空白页），考虑受众群体和品牌形象特征进行合理创意，色彩应用与基础开发一致，文本、图像的编排体现创意想法。

3.源文件格式为ai或cdr，宣传册成品展开尺寸为180 mm×240 mm，分辨率设置为350 dpi，四色印刷，出血3 mm。

4.重点训练宣传册设计中的图版比例设置，控制观者的阅读节奏。

任务评价

任务内容			宣传册版面编排设计		
	环节		评价内容	自我评价	学生互评
任务评价	资料处理	资料准备（5分）	准确分析任务主题要求		
			相关实例收集		
			能够提出新颖、有创意的设计方案		
	任务实操	设计制作（55分）	页面设置符合任务要求		
			图文比例编排合理，节奏感强		
			视觉流程设计自然、流畅		
			版面设计风格与氛围营造，符合消费受众群体特征		
			画面整体性强、视觉效果好，具有较好的审美性		
			输出图片标准与任务要求一致		
	综合表现		完成时间（10分）		
			工作态度（10分）		
			软件应用（10分）		
			综合素养（10分）		
	个人小结				
任务反馈	教师评价				
	综合评价				

注：1.任务评价各项内容按权重指标评分：自我评价20%，学生互评20%，教师评价60%。
　　2.个人小结要求不少于300字。

模/块/小/结

　　在版面设计中，图是非常重要的一部分。

　　本模块按照版面设计课程标准设置了关于图的相关学习内容，包括选择合适的图片、合理的图片排版、适当的图片编辑、完美的图文结合以及遵守规范使用图片等。实践任务结合岗位需求、1+X证书、职业技能大赛的具体任务，使学生更深入地理解和应用所学知识。

　　通过学习和实践，在逐步提高学生对图形的识别能力、操作能力、组合能力、敏感度和搭配能力等方面技能水平的基础上，进一步提高学生的审美鉴赏能力、增强文化自信、培养主动学习能力、养成认真严谨的工作习惯、增强创新意识、具备社会责任感、激发学习动力，为后续版面设计的学习奠定良好基础。

知识拓展：校企合作
项目案例——《古道
骑行》

模块导读

　　字符是指字形、类字形单位或符号，包括字母、数字、运算符号、标点符号和其他符号，以及一些功能性符号。一个字符可以是一个中文汉字、一个英文字母、一个阿拉伯数字、一个标点符号、一个图形符号或者控制符号等，是各种文字和符号的总称。字符在计算机内存储，应规定相应的代表字符的二进制代码。代码的选用要与有关外围设备的规格保持一致。这些外围设备包括键盘控制台的输入输出、打印机的输出等。不同的计算机系统和不同的语言，所能使用的字符范围是不同的（图 2-1）。

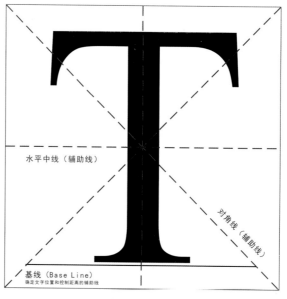

水平中线（辅助线）

对角线（辅助线）

基线（Base Line）
确定文字位置和控制距离的辅助线

图 2-1　字符

单元一 字号设置

■ 学习目标

1. 理解字号的基本概念和影响。
2. 掌握字号的选择和运用。
3. 学习不同字号搭配的视觉效果。
4. 掌握调整字号的方法和技巧。
5. 掌握字号与其他设计元素的配合，营造特定的版面氛围，提高审美水平。

■ 单元导学

字号是表示字体大小、区分文字规格的名称。计算机字体的大小，通常采用号数制和点数制两种计算方法。国际上通用的是点数制，在国内则以号数制为主，点数制为辅。号数制是我国用来计算字号的标准计量单位，号数制是以互不成倍数的几种数字为标准的，根据加倍或减半的换算关系而自成系统，可以分为四号字系统、五号字系统、六号字系统等。字号的标称数越小，字形越大。

通过合理搭配不同大小的字号，可以增强版面的层次感。在标题、重要信息和引导语等部分使用大号字体，可以更好地吸引读者的注意力。在次要信息和注释部分，可以使用较小的字号，使版面更加整洁、有序。字号大小是字号设置的核心。不同的字号大小会给版面带来不同的视觉效果。一般来说，大字号可以突出重点内容，吸引读者的注意力；小字号可以展示更多的细节和整体感。在设置字号时，需要考虑版面中不同元素的重要性，以及整体内容的易读性。通常，标题字号要比正文大一些；正文字号要比注释大一些。具体可以根据实际情况灵活运用。

■ 知识梳理

知识点一 认识字号

汉字大小定为七个等级，按一、二、三、四、五、六、七排列，为了更方便使用，在字号等级之间又增加一些字号，并取名为小几号字，如小四号、小五号等。号数制是一种印刷字体的衡量标准，主要用于区分打出的文字大小。号数制是以"号"为单位，根据使用汉字来规定号数值的等级，从初号到八号排列，数字越小，号值越大；数字越大，号值越小。号数制的特点是用起来简单、方便，使用时指定字号即可，无须关心字形的实际尺寸，缺点是字大小受号的限制，有时不够用，大字无法用号数来表达；号数不能直接表达字形的实际尺寸；字号之间没有统一的倍数关系，折算起来不方便。尽管如此，号数制仍是目前表示字形规格最广泛的方法（图 2-2）。

点数制是国际上通行的印刷字形的一种计量方法。这里的点不是计算机字形的点阵，而是传统计量字大小的单位。"点"也称为"磅"，是从英文 Point 的译音来的，一般用小写 p 表示，1 点约为 0.35 mm，其换算关系：$1\,p = 0.351\,46\,mm \approx 0.35\,mm$，$1$ 英寸 $= 72\,p$。目前计算机排版系统的字号多采用点数制来计算。五号字体为 10.5 点，3.675 mm；一号字体为 28 点，9.668 mm（图 2-3）。

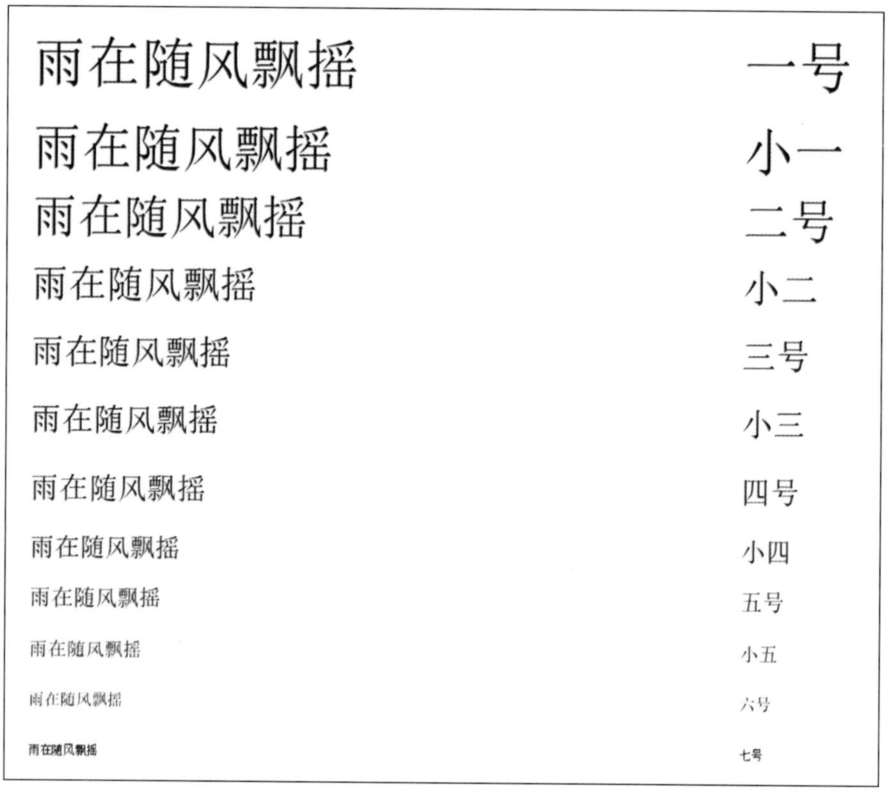

雨在随风飘摇 一号

雨在随风飘摇 小一

雨在随风飘摇 二号

雨在随风飘摇 小二

雨在随风飘摇 三号

雨在随风飘摇 小三

雨在随风飘摇 四号

雨在随风飘摇 小四

雨在随风飘摇 五号

雨在随风飘摇 小五

雨在随风飘摇 六号

雨在随风飘摇 七号

图 2-2 号数制

视频：字号

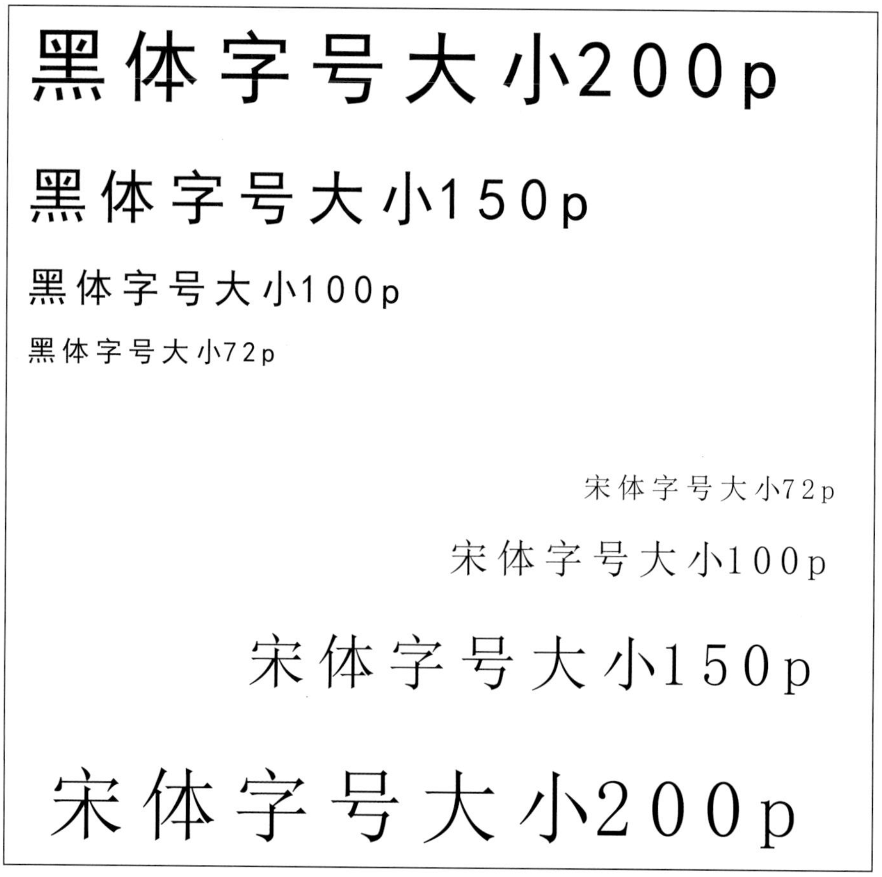

黑体字号大小200p

黑体字号大小150p

黑体字号大小100p

黑体字号大小72p

宋体字号大小72p

宋体字号大小100p

宋体字号大小150p

宋体字号大小200p

图 2-3 点数制

知识点二　实际印刷

在印刷应用中，字号大小是一个重要的参数，它决定了文字的清晰度和可读性。

根据印刷行业标准的规定，字号每一个点值的大小等于 0.35 mm，误差不得超过 0.005 mm，如五号字换成点数制等于 10.5 点，也就是 3.675 mm。外文字全部都以点来计算，每点的大小约等于 1/72 英寸，即等于 0.351 46 mm。

字号的大小除号数制和点数制外，传统照排文字的大小则以 mm 为计算单位，称为"级（J 或 K）"。每一级等于 0.25 mm，1 mm 等于 4 级。照排文字能排出的大小一般由 7 级到 62 级，也有从 7 级到 100 级的。在计算机照排系统中，有点数制，也有号数制。在印刷排版时，如遇到以号数为标注的字符，必须将号数的数值换算成级数，才能够掌握字符的正确大小。号数与级数的换算关系如下：

$$1\ J = 1\ K = 0.25\ mm = 0.714\ 点（p）$$
$$1\ 点（p）= 0.35\ mm = 1.4\ 级（J\ 或\ K）$$

磅（Point）是标定字体大小和行间距的度量单位。每 Pica 是 12 磅，所以传统排版中 72.27 磅是一英寸，桌面排版中 72 磅恰为一英寸。

知识点三　设计应用

字号大小在设计中的应用是非常广泛的，它不仅影响文字的清晰度和可读性，还对版面的美观度和阅读体验有重要影响。因此，设计师需要根据实际情况进行灵活调整，以保证文字的清晰度和可读性，同时传达出符合设计需求和目标受众的情感和氛围。

在实际印刷的版面中，字号的大小直接关系到阅读效果以及版面的美观程度。设计时，要根据内容和阅读对象的需要来确定字号的大小。通常情况下，标题字的大小一般选用 14 点以上；书籍和画册的正文一般选用 9 ~ 11 点的字号；对于不同开本的正文字号选择，也应根据实际开本的不同略有调整，如 32 开本的正文一般可以采用 9 点左右的字号，16 开本的正文一般可以采用 11 点左右的字号。提示性的引导文字的字号可以根据版面的具体大小来调控，没有绝对的限制，但一般文字都会较大一些，这样的效果会更醒目。对于招贴广告上的文字应选择相对较大的字号，如 24 点以上，以便于远距离阅读；对于报纸可以选择相对较小的字号，如 8 ~ 10 点。在具体设计时，还需按设计要求进行实际调整。小于 6 点的字体阅读起来相对困难，人的阅读距离一般保持在 30 ~ 50 cm，字号较小，虽然可以给人感觉精密度高，整体性强，但是会影响读者的阅读舒适感。

标题类型：包含的字号为 28 p、24 p、20 p。

正文类型：包含的字号为 18 p、16 p、14 p、13 p。

注释类型：包含的字号为 12 p、11 p。

■任务实训一　观察并编辑字号

1. 收集一些不同领域（如书籍、杂志、海报、网页等）的优秀版面设计案例资料，观察不同字号对版面的影响，通过不同字号的对比分析，感受对版面视觉效果的影响。

2. 思考并用手绘制图或借助 Adobe Illustrator、Adobe Photoshop、PowerPoint 等设计软件，观察不同字体字号的表现及其规律。

3. 练习点数制计量方法书写中文、英文、数字等，观察不同字体字号的表现及其规律。

任务评价

任务内容	观察并编辑字号			
	环节	评价项目	自我评价	学生互评
任务评价	工作能力	思维（5分）		
		实践（5分）		
		创新（5分）		
		表达（5分）		
	学习能力	设计与制作（20分）		
		主题表现（10分）		
		设计拓展（10分）		
		设计规范（10分）		
	综合表现	完成时间（10分）		
		视觉效果（10分）		
		协作精神（10分）		
	个人小结			
任务反馈	教师评价			
	综合评价			

注：1. 任务评价各项内容按权重指标评分：自我评价 20%，学生互评 20%，教师评价 60%。
　　2. 个人小结要求不少于 300 字。

■ 任务实训二 认识印刷字体字号

任务要求

1. 观察字号大小在实际印刷中的表现。
2. 收集观察报纸、杂志、宣传册、包装上的印刷字号，并分析其可读性和美观性。

任务评价

任务内容	认识印刷字体字号				
	环节	评价项目	自我评价	学生互评	
任务评价	工作能力	思维（5分）			
		实践（5分）			
		创新（5分）			
		表达（5分）			
	学习能力	印刷字体设计与制作（20分）			
		主题表现（10分）			
		印刷字体设计拓展（10分）			
	综合表现	设计规范（10分）			
		完成时间（10分）			
		视觉效果（10分）			
		协作精神（10分）			
	个人小结				
任务反馈	教师评价				
	综合评价				

注：1. 任务评价各项内容按权重指标评分：自我评价20%，学生互评20%，教师评价60%。
　　2. 个人小结要求不少于300字。

■ 任务实训三　设计个人简历

任务要求

1. 观察字号大小在实际设计应用中的表现。

2. 设计个人简历，根据 A4 页面合理安排标题、正文、内容等文字部分信息，重点注意字号的大小及实际的大小和视觉感受。

任务评价

任务内容	设计个人简历			
	环节	评价项目	自我评价	学生互评
任务评价	工作能力	思维（5分）		
		实践（5分）		
		创新（5分）		
		表达（5分）		
	学习能力	字号编排与制作（20分）		
		主题表现（10分）		
		字体编排设计拓展（10分）		
	综合表现	设计规范（10分）		
		完成时间（10分）		
		视觉效果（10分）		
		协作精神（10分）		
	个人小结			
任务反馈	教师评价			
	综合评价			

注：1. 任务评价各项内容按权重指标评分：自我评价 20%，学生互评 20%，教师评价 60%。
　　2. 个人小结要求不少于 300 字。

单元二　字符

■ 学习目标

1. 了解字符的基本知识。

2. 了解版面设计中字符应用的基本知识。

3. 掌握版面设计中不同字符的作用、类型及特点。

4. 通过对字符排版布局的学习，提高学生的文字处理能力，同时，认识汉字的美，领悟中文的魅力。

■ 单元导学

字符是一些平常人们使用的文字符号（如字母、数字、标点符号）。中文字符、英文字符、标点符号、数字符号等分别有自己的字框和基线。人们常用的文字为中文字符和英文字符，通过字体的合理使用，可以让页面流露出特有的情绪，了解文字字符以及各种符号，可以使人们更好地在设计中运用并达到理想的视觉效果。

■ 知识梳理

知识点一　中文字符

中文字符集是中文语言中表示文字和符号的字符集合，包含了多种类型的字符，如汉字、拼音字母、注音符号、笔画、偏旁部首等。这些字符类型在中文语言处理和版面设计应用中发挥着重要作用。

中文字符就是汉字，在计算机存储中占两个字节。当汉字像英文字母、数字一样作为字符来看待时，汉字就作为字符来处理。

1. 全角字框

中文字符被称为全角字符或双节字符。字符局限于"全角字框"中。文字的字体大小是指全角字框的大小（图 2-4）。

注：字体大小即字框大小。

图 2-4　全角字框

2. 字面

中文字体是将整个字符局限于全角字框中设计而成的，字体大小会因字体种类的不同而有所变化，字体字面的大小（或称为字面率）会因字体设计而有所不同（图2-5）。

注：字面即实际字体的大小。

表意字框

基线（Base Line）
确定文字位置和控制距离的辅助线

实际字体的大小称为字面（表意字框）

图 2-5　字面

知识点二　英文字符

英文字符集是英语语言中表示文字和符号的字符集合，包含了多种类型的字符，如拉丁字母、数字、标点符号和特殊字符等。这些字符类型在英语语言处理和计算机处理中发挥着重要作用。

1. 基线

英文字符的基准位置是由五条水平线组成的，英文字符的设计局限于上边线（上缘线）到下边线（下缘线）之间，对齐英文字符时以基线为准（图2-6）。

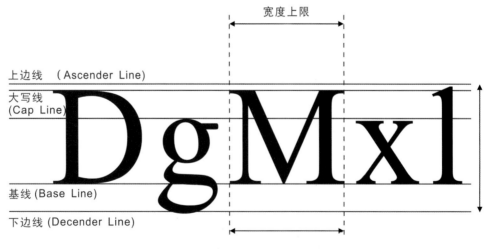

宽度上限

上边线　（Ascender Line）
大写线（Cap Line）
基线（Base Line）
下边线（Decender Line）

图 2-6　英文字符

英文字形的字体大小是指上边线到下边线，再多加一点空白的高度，每个英文的宽度都不一样，以大写的 M 的宽度为上限。

2.字宽

英文字宽是变宽、互成比例的，因此，在英文里需要一个参考标准，于是才出现了 em 和 en 这两个概念：在排字方向上（西文一般为横排）与字号同样的那个量称作一个 em，而其一半即 en，这是出于英文排印的需求而产生的。在印刷行业里说的「全角／半角」与英文的 em/en 可以一一对应。作为印刷术语来说，其代表的是宽度的概念。全角 em，排字的度量单位，宽度等于所使用的文字的磅数（Point），用作排版宽度水平方向的度量。半角 en，排字的量度单位，宽度等于同一磅数全角的一半。

注：英文字符的大小局限于五条水平线之间。

知识点三 标点符号

标点符号的排法，在某种程度上体现了一种排版物的版面风格，因此，排版时应仔细了解出版单位的工艺要求。不同厂商的字体产品具有不同特性，即便套用同样的设置也会有不同效果。因此，针对具体设计项目必须经过测试，并对最终效果进行确认。

在中文排版里一般都是以一个汉字字宽这样一个相对单位来表示宽度，这也是中式网格的基础，标点也是如此。中文标点符号和中文汉字在文本输入时一样都是占一个字宽的，通常叫作全宽标点，而与之对应的自然是半宽标点。所谓半宽标点，就是占用了半个字宽。将标点符号化作半宽标点的操作手法叫作标点挤压。与挤压有相同道理但效果相反的另一种操作手法叫作标点推出，将标点符号化作全宽标点，占一个字宽。在具体的排版设计中应灵活变通进行文字排版（图 2-7）。

目前标点符号排版规则如下。

（1）行首禁则（又称防止顶头点）：在行首不允许出现句号、逗号、顿号、叹号、问号、冒号、后括号、后引号、后书名号。

（2）行末禁则：在行末不允许出现前引号、前括号、前书名号。

（3）破折号和省略号不能从中间分开排在行首和行末。

一般采用伸排法和缩排法来解决标点符号的排版禁则。伸排法是将一行中的标点符号拉开些，伸出一个字排在下行的行首，避免行首出现禁排的标点符号；缩排法是将全角标点符号换成对开的，缩进一行位置，将行首禁排的标点符号排在上行行末。

视频：文字编排

如何充分利用剩余空间进行文字排版使其达到横平竖直的样式进行对齐，成为设计工作者在进行文字排版工作时必须考虑的问题。将完整文字进行合理的分割、收尾和正确的情绪表达，文字阅读体验便会有质的变化（图 2-8）。

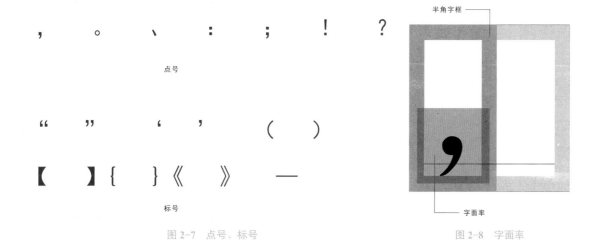

图 2-7 点号、标号

图 2-8 字面率

■任务实训一　名片设计

任务要求

1. 思考并用手绘制图或借助 Adobe Illustrator、Adobe Photoshop、PowerPoint 等设计软件，练习中文字符的表现。

2. 用中文字符及其他辅助素材设计个人名片并进行实物打印，观察打印后的效果。

任务评价

任务内容	名片设计			
	环节	评价项目	自我评价	学生互评
任务评价	工作能力	思维（5分）		
		实践（5分）		
		创新（5分）		
		表达（5分）		
	学习能力	中文字符编排与制作（20分）		
		主题表现（10分）		
		中文字符编排设计拓展（10分）		
	综合表现	设计规范（10分）		
		完成时间（10分）		
		视觉效果（10分）		
		协作精神（10分）		
	个人小结			
任务反馈	教师评价			
	综合评价			

注：1. 任务评价各项内容按权重指标评分：自我评价 20%，学生互评 20%，教师评价 60%。

　　2. 个人小结要求不少于 300 字。

■ 任务实训二 明信片设计

任务要求

1. 思考并用手绘制图或借助 Adobe Illustrator、Adobe Photoshop、PowerPoint 等设计软件，练习英文字符的表现。

2. 用英文字符及其他辅助素材设计明信片并进行实物打印，观察打印后的效果。

任务评价

任务内容	明信片设计			
	环节	评价项目	自我评价	学生互评
任务评价	工作能力	思维（5分）		
		实践（5分）		
		创新（5分）		
		表达（5分）		
	学习能力	英文字符编排与制作（20分）		
		主题表现（10分）		
		英文字符编排设计拓展（10分）		
	综合表现	设计规范（10分）		
		完成时间（10分）		
		视觉效果（10分）		
		协作精神（10分）		
	个人小结			
任务反馈	教师评价			
	综合评价			

注：1. 任务评价各项内容按权重指标评分：自我评价 20%，学生互评 20%，教师评价 60%。

2. 个人小结要求不少于 300 字。

■ 任务实训三　请柬设计

任务要求

1. 思考并用手绘制图或借助 Adobe Illustrator、Adobe Photoshop、PowerPoint 等设计软件，练习标点字符的表现。

2. 用中英文字符及标点字符组合设计请柬并进行实物打印，观察打印后的效果。

任务评价

任务内容	请柬设计			
	环节	评价项目	自我评价	学生互评
项目评价	工作能力	思维（5分）		
		实践（5分）		
		创新（5分）		
		表达（5分）		
	学习能力	标点符号编排与制作（20分）		
		主题表现（10分）		
		标点符号编排设计拓展（10分）		
	综合表现	设计规范（10分）		
		完成时间（10分）		
		视觉效果（10分）		
		协作精神（10分）		
	个人小结			
项目反馈	教师评价			
	综合评价			

注：1. 任务评价各项内容按权重指标评分：自我评价 20%，学生互评 20%，教师评价 60%。
　　2. 个人小结要求不少于 300 字。

单元三　字体

■ 学习目标

1. 了解版面设计中字体的基本知识。
2. 掌握常用的字体设计要求和信息传达特点。
3. 能够结合信息特征选择有效的、具有审美特征的字体形式。
4. 培养独立思考和分析问题的能力，认真仔细，按时、按质、按量完成任务的工作态度和习惯。

■ 单元导学

字体是文字的表现形式。字体具有强烈的感情性格，不同的字体给人的视觉感受与心理感受不同。字体的选用、设计是版面设计中文字编排的基础，准确地选择字体，有助于设计主题内容的表达。

在排版中，主要接触的字体包括中文字体、英文字体、数字字体、符号字体等。

■ 知识梳理

知识点一　印刷体

随着计算机技术在设计领域的广泛运用，印刷体已经发展得比较成熟，种类丰富，样式新颖。

1. 中文印刷体

中文印刷体，如宋体、黑体、仿宋体等一些比较常用的字体及综艺体、彩云体、琥珀体等，是一种具有较强装饰性的艺术字体（图 2-9）。

宋体　仿宋
黑体　楷体

图 2-9　印刷体

宋体是印刷工业中应用得最为广泛、在印刷字体中历时最长的一种字体。宋体是在北宋雕版字体的基础上发展而来的，宋体字形方正，结构严谨，笔画横平竖直、棱角分明，有极强的统一性和规律性，阅读时给人一种舒适醒目的感觉（图 2-10、图 2-11）。

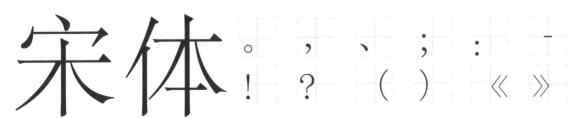

图 2-10　宋体　　　　　　　　　　　　　　图 2-11　宋体中的标点符号

黑体没有起笔和收笔，以几何学的方式确立汉字的基本结构，属于构建性文字而不是书写性文字。它的所有笔画粗细一致，方头方尾，具有简洁、浑厚、稳定、醒目的视觉特征（图 2-12、图 2-13）。

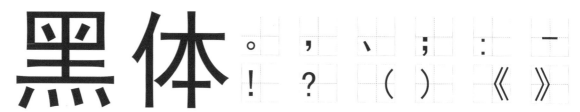

图 2-12　黑体　　　　　　　　　　　　　　　　　　　图 2-13　黑体中的标点符号

2. 英文印刷体

英文印刷体大体可分为衬线体、非衬线体、手写体以及其他字体等形式。

衬线体文字前端有"爪"，这种文字具有优雅、端庄的女性气质。

非衬线体文字笔画粗细一致，呈"板状"特征，没有"爪"形的装饰，这种文字有理性、冷峻的男性气质，类似中文字体的黑体（图 2-14）。

ABCDEFGHIJKLMNOPQRSTUVWXYZ
abcdefghijklmnopqrstuvwxyz

英文衬线体

ABCDEFGHIJKLMNOPQRSTUVWXYZ
abcdefghijklmnopqrstuvwxyz

英文非衬线体

, . ; ? ! ' " _ \ ( ) [ ] { } ~ `

新罗马体标点符号

, . ; ? ! ' " _ \ ( ) [ ] { } ~ `

非衬线体标点符号

图 2-14　英文印刷体

知识点二　美术体

美术体是一种特殊的印刷用字体，通常用于美化版面。它包括非正常的特殊字体，可以增加版面的视觉效果和美观度。美术体的使用可以让文字更加突出、醒目，吸引读者的注意力。在版面设计中，合理使用美术体可以增强版面的艺术感和设计感（图 2-15）。

美术体除具备鲜明的个性特征外，还具备普遍的适用性，经常被各种媒体广泛选用。美术体又分为规则美术体和不规则美术体两种类型。规则美术体因其强调了字体的规整性、识别性、统一性，所以为读者的阅读带来了极大的方便，成为美术体中的主流。不规则美术体的特点在于字体丰富的变化，它能给读者呈现更具个性化特征的完美视觉效果。

图 2-15　美术体

知识点三　书法体

书法体是一种比较自由的字体，包括楷书、行书、隶书、草书、篆书等字体，具有随意、流畅、活泼以及历史性和文化性强的特点。在版面设计中，对一些表现中国特色或者具有历史感和文化感的内容进行设计时，往往采用这种字体以增加艺术品位，但由于草书、篆书等书法体的个别笔画特征相对识别困难，因此在使用草书、篆书的时候要特别注意其识别性的问题，避免造成设计内容的误导（图 2-16）。

图 2-16　书法体

在设计中，文字承载着怎样的任务与形式？版面设计中，文字是有性格的，不同的字体、不同的字号、不同的文字组合编排形式，给版面赋予性格和特点。

版面设计是传达信息的关键环节，而书法体作为一种独特的视觉元素，在版面设计中具有重要的作用。标题设计、正文设计、插图设计、背景设计、色彩搭配、字体选择、排版布局和整体风格等方面，探讨版面设计中，书法体均有应用。

标题是版面的重要元素。它需要吸引读者的注意力，同时传达文章的主题。在标题设计中，可以选择不同风格的书法体，以营造出独特的视觉效果。例如，可以使用草书体来表现动态和流畅感，使用楷书体来表现稳重和庄重感。同时，要注意标题的大小、位置和排版方式，确保其与正文内容的协调性和整体美观性。

正文是文章的核心部分。它的清晰度和易读性对于读者的阅读体验至关重要。在正文设计中，应该选择易于阅读的书法体，避免使用过于花哨的字体。同时，要注意字距、行距和段距的合理设置，使文章具有良好的连贯性和整体感。此外，还可以通过分段和标题来划分文章的结构，使内容更加清晰易懂。

■ 任务实训一　编辑制作印刷体

任务要求

1. 思考并观察印刷体的特点和样式及日常应用范围。

2. 思考并借助 Adobe Illustrator、Adobe Photoshop、PowerPoint 等设计软件，练习印刷体的类型及关系。

3. 练习印刷体并进行实物打印，观察打印后的效果。

任务评价

任务内容		编排制作印刷体		
	环节	评价项目	自我评价	学生互评
项目评价	工作能力	思维（5分）		
		实践（5分）		
		创新（5分）		
		表达（5分）		
	学习能力	印刷体编排与制作（20分）		
		主题表现（10分）		
		印刷体编排设计拓展（10分）		
	综合表现	设计规范（10分）		
		完成时间（10分）		
		视觉效果（10分）		
		协作精神（10分）		
	个人小结			
项目反馈	教师评价			
	综合评价			

注：1. 任务评价各项内容按权重指标评分：自我评价 20%，学生互评 20%，教师评价 60%。

　　2. 个人小结要求不少于 300 字。

■任务实训二　编辑制作美术体

任务要求

1. 思考并观察美术体的特点和样式及日常应用范围。

2. 思考并借助 Adobe Illustrator、Adobe Photoshop、PowerPoint 等设计软件，练习美术体的类型及关系。

3. 练习美术体并进行实物打印，观察打印后的效果。

任务评价

任务内容	编排制作美术体			
	环节	评价项目	自我评价	学生互评
项目评价	工作能力	思维（5分）		
		实践（5分）		
		创新（5分）		
		表达（5分）		
	学习能力	美术体编排与制作（20分）		
		主题表现（10分）		
		美术体编排设计拓展（10分）		
	综合表现	设计规范（10分）		
		完成时间（10分）		
		视觉效果（10分）		
		协作精神（10分）		
	个人小结			
项目反馈	教师评价			
	综合评价			

注：1. 任务评价各项内容按权重指标评分：自我评价 20%，学生互评 20%，教师评价 60%。
　　2. 个人小结要求不少于 300 字。

■任务实训三　设计编排电影海报

任务要求

1. 设计一幅包含标题、正文和图片的电影海报。
2. 体现所学的文字排版规则、文字对齐与分布技巧及字体选择与效果。
3. 体现所学的版面布局技巧及文字风格运用。

任务评价

任务内容		设计编排电影海报		
	环节	评价项目	自我评价	学生互评
项目评价	工作能力	思维（5分）		
		实践（5分）		
		创新（5分）		
		表达（5分）		
	学习能力	书法体编排与制作（20分）		
		主题表现（10分）		
		书法体编排设计拓展（10分）		
	综合表现	设计规范（10分）		
		完成时间（10分）		
		视觉效果（10分）		
		协作精神（10分）		
	个人小结			
项目反馈	教师评价			
	综合评价			

注：1. 任务评价各项内容按权重指标评分：自我评价20%，学生互评20%，教师评价60%。
　　2. 个人小结要求不少于300字。

单元四　多字

■学习目标

1. 掌握版面设计中文字编排的基本原则。

2. 掌握文字排版的技巧和方法，突出重点，提高可读性，并营造独特的版面视觉效果。

3. 培养对美学的感知和运用能力，关注中文版面设计，通过借鉴优秀作品和自我创新，不断提升版面设计水平。

4. 学会与团队成员有效沟通，理解和分析项目需求，结合文字编排技巧，实现版面设计的整体优化。

■单元导学

好的文字编排是指容易阅读的信息编排，包含两个要素：容易看和容易理解。容易看是指阅读文字时遇到的障碍少，如果字号太小、行间距太窄、字体颜色太过艳丽刺目，对阅读的人来说都是障碍。容易理解是指看到海报或杂志的一瞬间，就能理解大概的内容，视线顺畅地移动到后续要阅读的内容，能准确无误地获取所传达的信息。

配置文字的工作叫作文字编排。文字编排的工作首先从文字的组合开始，对词、句、段落文本进行版面编排时，选择合适的字体、字号、字间距、行长、行间距、段间距等参数，通过这些步骤来编排文本，使文字信息更加容易阅读并能准确顺畅地传达设计的中心思想。

■知识梳理

知识点一　词

1. 字号

适当的字号会因文字作用的不同而有所不同。文字大致可区分成标题部分、正文部分及补充说明部分三项。

标题部分应是在版面中最显眼的地方，尤其是被称为大标题的主要部分的文字，其字号需比其他文字大且更具强调性。

在主要标题以外，还可以在标题前加上用于诱导视线的小标题、补充标题内容的副标题以及将该页内容归纳整理而成的引言等文字内容。但不论哪一部分，其字号都要比正文大，只有补充说明或是图例说明的字号会略小于正文字号。一般来说，按照大标题、小标题、副标题、引言、正文、说明的顺序，字号会越来越小。在整个版面中，正文部分的文字量最多，因为这是阅读的核心部分（图 2-17）。

字号与阅读速度之间存在密切的关系。一般来说，字号越大，阅读速度相对会减慢，字号越小，阅读速度相对会加快。这是因为字号的大小决定了文本的视觉密度和可读性。当字号过小时，文本的视觉密度会增大，相邻文字之间的距离过近，会给读者带来辨认的困难，导致阅读速度减慢。相反，当字号适中或较大时，文本的视觉密度会减小，文字之间的距离适当，读者可以更容易地识别和理解文本内容，从而提高阅读速度（图 2-18）。

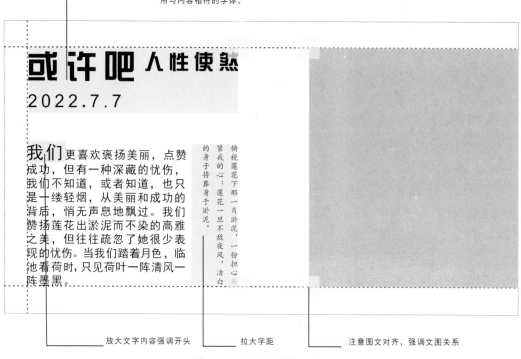

标题部分重新分化，关键词
进行放大突出标题部分并选
用与内容相符的字体。

放大文字内容强调开头　　　　拉大字距　　　　注意图文对齐，强调文图关系

图 2-17　不同字号的版面关系

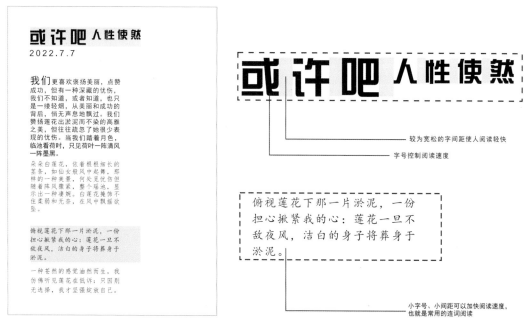

较为宽松的字间距使人阅读轻快

字号控制阅读速度

小字号、小间距可以加快阅读速度，
也就是常用的连词阅读

图 2-18　字号与阅读速度（一）

此外，字号的大小也会影响文本的可读性。如果字号过小或过大，文本的可读性会受到影响，给读者带来阅读困难。因此，在版面设计中，选择合适的字号也是至关重要的。

适当的字号可以增强文本的可读性和易读性，提高阅读速度和阅读体验。因此，在版面设计中，需要根据文本内容和目的来选择合适的字号（图 2-19）。

雨在随风飘摇，心亦如此，愁絮泛滥，不着边际。这多雨的季节，心情雨亦如此缠绵。且听且行且任之蔓延。不知不觉，步入雨中，不由自主，深呼吸，空气中夹杂着泥土的暗香，还有雨的味道。我甚至听得见微雨均匀的呼吸，微笑的心跳。不再期望雨停，好看见彩虹的绚丽光彩；不再希望雨止，好让心归复安宁。爱上这淡淡的愁绪，单单的思绪，就让这静静的私语在耳边逗留吧。给心一个满足的归依，暂且与阳光说再见，让我多一点时间陪雨聊天，陪心怀念。

雨在随风飘摇，心亦如此，愁絮泛滥，不着边际。这多雨的季节，心情雨亦如此缠绵。且听且行且任之蔓延。不知不觉，步入雨中，不由自主，深呼吸，空气中夹杂着泥土的暗香，还有雨的味道。我甚至听得见微雨均匀的呼吸，微笑的心跳。不再期望雨停，好看见彩虹的绚丽光彩；不再希望雨止，好让心归复安宁。爱上这淡淡的愁绪，单单的思绪，就让这静静的私语在耳边逗留吧。给心一个满足的归依，暂且与阳光说再见，让我多一点时间陪雨聊天，陪心怀念。

图 2-19　字号与阅读速度（二）

2. 字间距

字间距是指两个相邻字符之间的距离。在版面设计中，适当的字间距可以增强文字的易读性和美观度。字间距过窄会导致文字粘连，难以分辨；过宽的字间距则会使文字显得稀疏，影响阅读体验。因此，在进行版面设计时，应根据字号大小、字体类型和版面整体风格选择合适的字间距。通常，字间距的设置可以通过字体菜单中的"字符间距"选项进行调整（图 2-20）。

在版面设计录入文字时，人们通常会注意行间距及整个版面的设计。但是，字间距可以说是排版后的文章是否容易阅读、能否让读者感受到文章韵律的关键要素。

英文部分：字母不同，宽度也不同（如"W"与"I"），不同的字母组合成宽度不同的单词。除了要达到特殊的设计效果，或是感觉不自然的部分之外，其实不需要调节字间距。

中文部分：每个字所占的空间都是相同的。如果希望呈现密度感及凛然的张力，可以将字间距调小；若希望有舒适、悠然的感觉，则应设定宽松的字间距。为了达到容易阅读的效果，可将全部字间距调整为均值。特别是标题等显眼的部分，可以通过调整字间距来达到需要的效果（图 2-21）。

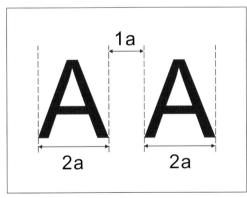

图 2-20　字间距（一）

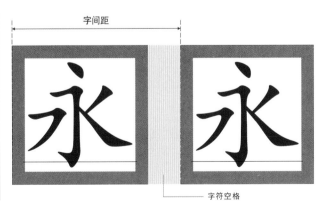

图 2-21　字间距（二）

适当的字间距可以使文本更加易读、美观，提高阅读流畅度和阅读体验。

如果字间距过窄，相邻的文字会相互干扰，导致阅读变得困难。这可能会引发视觉疲劳，降低阅读速度和准确性。相反，如果字间距适当，读者可以更容易地识别和理解文本内容。适当的字间距还可以增强文本的呼吸感和流动感，使阅读过程更加轻松愉快。

在版面设计中，控制字间距是提高阅读流畅度和阅读体验的重要手段之一。设计师需要根据文本内容和目的来选择合适的字间距，以增强整体效果和视觉冲击力，提高文本的可读性和易读性（图2-22）。

图 2-22　阅读流畅度

在版面设计中，字与字之间的关系直接影响设计的识别性、实用性和审美。字间距也是影响多字排版的重要因素，适当的字间距可以使文字更易于阅读，同时也能增强版面的美观性。一般来说，较大的字间距可以提高可读性，但可能会让版面显得过于空旷；较小的字间距则可以让版面更加紧凑，但可能会影响阅读体验。

适当的字间距调整可以增强文字的辨识度和可读性（图2-23）。

图 2-23　字间距

知识点二　句

行间距是指行与行之间的距离。适当的行间距可以增强版面的层次感和易读性。过窄的行间距可能导致文本难以辨认，而过宽的行间距可能让版面显得过于空旷。

行与行之间的留白称为行间距，行间距的设定关系到阅读时的感受。还有一种与行间距相似的概念，即行高。行高一般是指一行的底线到下一行底线的距离（图 2-24）。

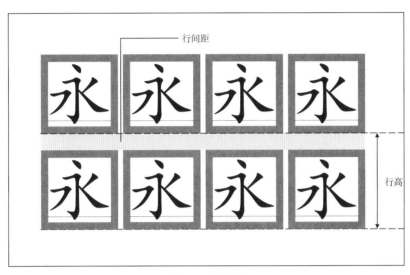

图 2-24　行间距

行间距在设定时要考虑文字是横排还是竖排、字号、字体、行长等因素，这样才能设计出合适的行间距。

标题是视觉焦点，要求产生强烈的效果，竖排时设定较小的行间距，可以塑造出一体的印象。

正文的行间距一般设定为正文的半个字到一个字大小。如果字号相同，而有的字体看上去很大或是笔画很粗，可稍微增大行间距，使用外文时情况相同。同时，行间距相同、行长变长时，文章也会变得难以阅读。在这种行长较长的情况下，行间距的数值也需要适当调整。为了创造高雅感而将字间距拉宽时，行间距相对也要增大。

说明、注释等补充说明文字部分要比正文的字号小，行长也要短，因此行间距设定为一个字的 1/4 ～ 1/2 大小（图 2-25）。

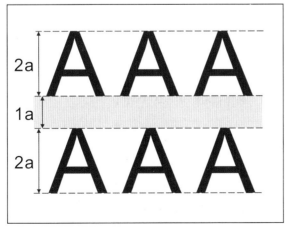

图 2-25　行间距

知识点三　段

在版面设计中，段落长度的控制、行首缩进的运用、段间距的安排和对齐方式的选取等方面，使整个版面更加清晰有条理，易于阅读和理解。同时，根据具体项目需求和个人风格进行创作实践，它可以影响读者的阅读体验和整个版面的布局。

1. 段间距

段间距就是几段文本之间的距离。段前和段后就是该段与上段和下段的距离，即段间距。

一般行间距是段间距的 50% 或者 75%，段间距是行间距的 2 倍或 1.25 倍（图 2-26）。

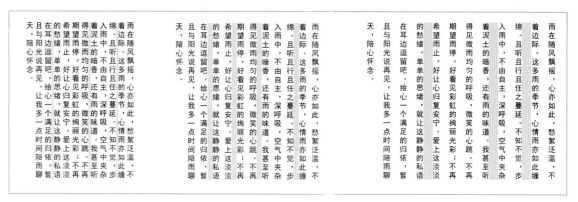

图 2-26　段间距

2. 字、行、段之间的关系

行间距与字号是反比关系，较小的字号需要较大的行间距，较大的字号设置较小的行间距。

字间距与行间距成正比关系，较长的段落，需要更大的行间距。字数与行间距是正比关系。字间距越大，行间距应该越大。反之，字间距越小，行间距应该越小（图 2-27）。

图 2-27　字间距

行间距与段间距成正比关系，行间距越大，段间距就越大；行间距越小，段间距就越小。

3. 段间距、行间距、字间距关系

段间距、行间距、字间距的大小关系上，要始终保持段间距大于行间距，行间距大于字间距。

4. 间距的宽松与紧凑

行间距越大越有层级感，但超过一定限度也不太好，会造成整体文本松垮的表现。

如果是阅读类的版面需要留白增加阅读的呼吸感，就需要增加字间距、行间距，比如网页文字。如果是费用高昂的广告位需要聚焦，那么就尽量缩短间距。

知识点四　文字编排

在版面设计中进行文字编排时，应综合考虑字体选择、字号、行间距、段间距、对齐方式、颜色搭配、特殊效果和版面布局等方面。通过合理的设计和安排，可以提高文本的可读性和易读性，增强整体版面的视觉效果和吸引力。

1. 对比

（1）字号对比。在想要引人注目的地方，如书本或活动的标题、商品名称、宣传标语等，把想要强调的文字放大，其余部分则使用较小的字号。但文字字号的变化也会影响版面整体的平衡或节奏感。因此，在编排文字时，必须一边考虑版面整体的平衡感，一边调整字号（图2-28）。

改变字号的目的之一是整理信息。尤其是在编排长篇文章时，如果全都使用相同字号，那么读者就必须把文章通篇读完才能掌握其内容。但如果在中间使用大一点的字号，把总结那个段落内容的句子置入其中，整体内容就特别容易把握。

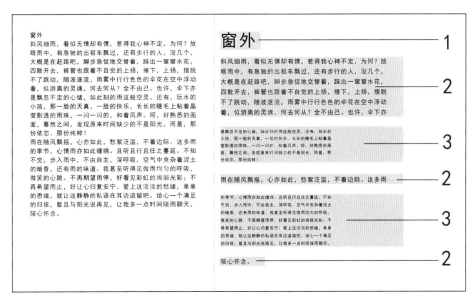

图 2-28　字号对比

（2）重量对比。所谓重量，是指文字的线条粗细。相同的字体有时也会设计出几种重量形态。一般来说，最想引人注意的标题或宣传标语等，会使用粗线条的字，排在其周围的文字则使用细线条的字。借此，可以让人把视线的焦点集中在重量较大的文字上。

同样，字号小而线条粗的文字，与字号大而线条细的文字，表现出来的存在感是差不多的。

（3）字体对比。字体的对比与字号或重量的对比不同，这种设计方法更能够让人将注意力集中在重要信息文字上。当内容混杂着日常对话用语和客观性的访谈内容时，或是信息互相对立时，最适合使用字体对比的方法。因此，必须仔细阅读文章内容、深入研究，然后针对想强调的部分变换字体。

若把文章或文字的一部分变成样式全然不同的字体，读者就会觉得那个部分有一种"异样感"。如果这种"异样感"太频繁，文章会变得难以阅读，但若只是作为设计上的"彩妆"，运用在某一部分，就可以产生强调的效果。想要更进一步强调彼此的差异时，可以添加颜色的变化。

（4）色彩对比。在平面设计上，传达无法言喻的感觉时，灵活运用配色是最有效的方法。关于文字的设计或配色理念，虽然可以只考虑文字本身，但在实际进行版面设计时，也需要考虑色彩因素。难以阅读的配色使用在文字上就完全不行。为了提高文字的识别性，必须使背景色与文字的色彩有明度对比。此外，还有一种被称为"前进色"的色彩组合。红色、黄色、橘色等暖色系色彩，看起来比蓝色、绿色等冷色系色彩更为往前突出。总而言之，前进色就是极为显眼的色彩。将这种色彩运用在文字上，就可以让该部分的文字其他部分更为视觉突出。使用这种表现手法时，要尽量缩减颜色数量，必须统一色调，才会有整体和谐的感觉。

2. 对齐

版式设计中常见的文字编排形式主要有两端对齐、左对齐、右对齐、居中对齐、自由排列和图形化排列等。如果版面中的正文内容比较多，则通常都会采用左对齐或两端对齐这样的常规形式，使正文内容获得良好的可读性。对于版面中的主题文字，或文字内容较少的情况，可以采用多种不同的排列形式，从而获得更好的表现效果。

（1）两端对齐。使用从左到右两端对齐的方法排版，字群端正、严谨、稳定，但容易使版式显得平淡，在设计过程中需要注意字体的使用，以及字体大小的变化，从而搭配出丰富的层次感（图2-29）。

（2）左对齐。左对齐能够使行首形成一条直线，行尾则因语句不同而有长短变化，张弛有度，呼应有法，是一种和谐的对比关系。左对齐符合人们的视觉习惯，使读者的阅读自然、流畅，是目前版面设计中常见的一种文本对齐方法（图2-30）。

或许，人性使然，我们更喜 欢褒扬美丽，点赞成功，但 有一种深藏的忧伤，我们不 知道，或者知道，也只是一 缕轻烟，从美丽和成功的背 后，悄无声息地飘过。	或许， 人性使然， 我们更喜欢褒扬美丽， 点赞成功， 但有一种深藏的忧伤， 我们不知道， 或者知道， 也只是一缕轻烟， 从美丽和成功的背后， 悄无声息地飘过。

图2-29 两端对齐　　　　　　　　　　　　　　　　图2-30 左对齐

（3）右对齐。右对齐能够使行尾形成一条直线，行首则因语句不同而有长短变化。右对齐有违视觉习惯，但效果新颖别致，能够形成视觉边框，使左边有一定指向感。如果采用右对齐的文本编排方式，应该把文本内容控制在10行以内，过多会引起视觉阅读障碍及不适（图2-31）。

（4）居中对齐。居中对齐是指文字以轴线为中心对称排列的编排方式。这种编排方式可使视线集中，中心突出，文字长短不一，使左右两侧富有节奏变化，活泼而不失端庄。设计中要注意语句换行的流畅感以及中英文拼写方式上的差异，避免造成阅读困难（图2-32）。

或许， 人性使然， 我们更喜欢褒扬美丽， 点赞成功， 但有一种深藏的忧伤， 我们不知道， 或者知道， 也只是一缕轻烟， 从美丽和成功的背后， 悄无声息地飘过。	或许， 人性使然， 我们更喜欢褒扬美丽， 点赞成功， 但有一种深藏的忧伤， 我们不知道， 或者知道， 也只是一缕轻烟， 从美丽和成功的背后， 悄无声息地飘过。
图 2-31　右对齐	图 2-32　居中对齐

3. 重复

通过重复使用某些元素，可以增强版面的统一性和连贯性，使读者更容易关注文本信息。例如，在一段文本中，如果使用相同的字体、字号和颜色等元素，那么这段文本就会呈现一种整体感和连贯性，使读者更容易理解文本内容。

4. 亲密性

亲密性就是要把版面中的众多元素进行分类，把每一个分类当作一个视觉单位，而不是许多单独的视觉单位。用视觉单位的方法进行疏密关系的分配，由距离决定疏密关系，形成文字组块的状态（图 2-33）。

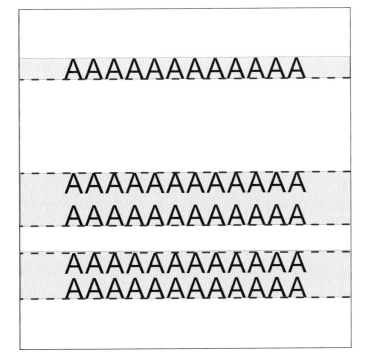

图 2-33　疏密关系（一）

在文字排版中，亲密性原则可以应用于以下几个方面。

（1）标题与正文的亲密性：标题和正文应该紧密相连，不应有较大的间隔或空格，这可以增强文本的整体感和连贯性，使读者更容易理解文本内容（图2-34）。

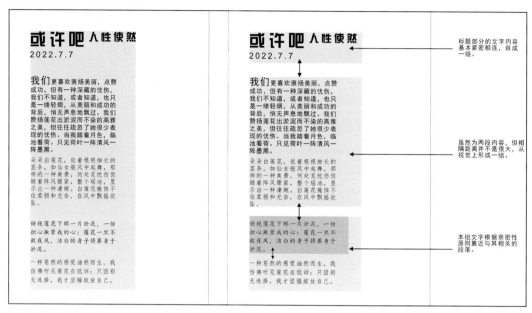

图 2-34　疏密关系（二）

（2）关键词的亲密性：在一段文本中，如果存在多个关键词或短语，可以将它们在视觉上靠近排列，以强调它们之间的关联和重要性，这可以帮助读者更好地理解文本的核心内容（图2-35）。

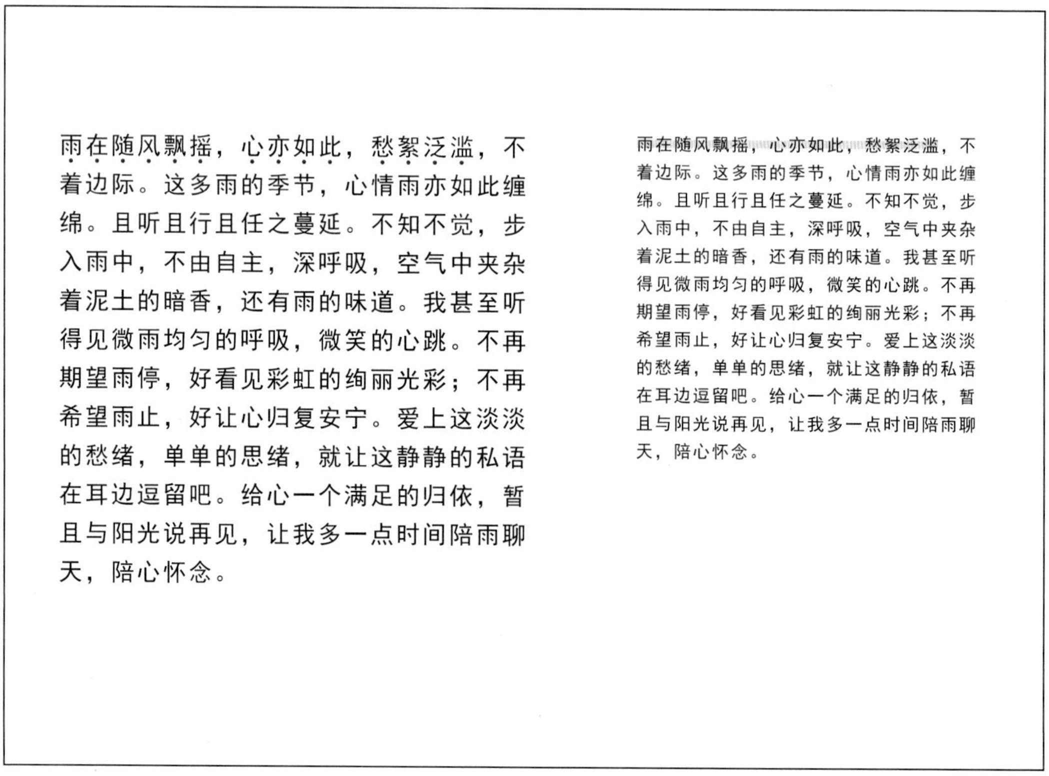

雨在随风飘摇，心亦如此，愁絮泛滥，不着边际。这多雨的季节，心情雨亦如此缠绵。且听且行且任之蔓延。不知不觉，步入雨中，不由自主，深呼吸，空气中夹杂着泥土的暗香，还有雨的味道。我甚至听得见微雨均匀的呼吸，微笑的心跳。不再期望雨停，好看见彩虹的绚丽光彩；不再希望雨止，好让心归复安宁。爱上这淡淡的愁绪，单单的思绪，就让这静静的私语在耳边逗留吧。给心一个满足的归依，暂且与阳光说再见，让我多一点时间陪雨聊天，陪心怀念。

雨在随风飘摇，心亦如此，愁絮泛滥，不着边际。这多雨的季节，心情雨亦如此缠绵。且听且行且任之蔓延。不知不觉，步入雨中，不由自主，深呼吸，空气中夹杂着泥土的暗香，还有雨的味道。我甚至听得见微雨均匀的呼吸，微笑的心跳。不再期望雨停，好看见彩虹的绚丽光彩；不再希望雨止，好让心归复安宁。爱上这淡淡的愁绪，单单的思绪，就让这静静的私语在耳边逗留吧。给心一个满足的归依，暂且与阳光说再见，让我多一点时间陪雨聊天，陪心怀念。

图 2-35　疏密关系（三）

■ 任务实训一　菜单内页编排设计

任务要求

1. 设计一份包含标题、正文的菜单内页，体现所学的文字排版规则、字间距、字号大小等。

2. 参考书本知识梳理中的图例，尝试进行版面编排设计并分析思考，体会字间距的关系。

任务评价

任务内容	菜单内页编排设计			
	环节	评价项目	自我评价	学生互评
项目评价	工作能力	思维（5分）		
		实践（5分）		
		创新（5分）		
		表达（5分）		
	学习能力	字间距编排设计与制作（20分）		
		主题表现（10分）		
		字间距编排设计拓展（10分）		
	综合表现	设计规范（10分）		
		完成时间（10分）		
		视觉效果（10分）		
		协作精神（10分）		
	个人小结			
项目反馈	教师评价			
	综合评价			

注：1. 任务评价各项内容按权重指标评分：自我评价 20%，学生互评 20%，教师评价 60%。
　　2. 个人小结要求不少于 300 字。

■任务实训二　产品介绍页编排设计

任务要求

1. 设计一页产品介绍，体现所学的文字排版规则、字间距、行间距、字号大小等。
2. 参考书本知识梳理中的图例，体会行间距的关系。
3. 打印完稿，观察打印后的效果。

任务评价

任务内容	产品介绍页编排设计			
	环节	评价项目	自我评价	学生互评
项目评价	工作能力	思维（5分）		
		实践（5分）		
		创新（5分）		
		表达（5分）		
	学习能力	行间距编排设计与制作（20分）		
		主题表现（10分）		
		行间距编排设计拓展（10分）		
	综合表现	设计规范（10分）		
		完成时间（10分）		
		视觉效果（10分）		
		协作精神（10分）		
	个人小结			
项目反馈	教师评价			
	综合评价			

注：1. 任务评价各项内容按权重指标评分：自我评价20%，学生互评20%，教师评价60%。
　　2. 个人小结要求不少于300字。

■ 任务实训三　产品说明书编排设计

任务要求

1. 参考书本知识梳理中的图例，尝试进行产品说明书的版面编排设计，分析思考和体会字、句、段落之间的比例关系。

2. 掌握文字段落的编排规律。

3. 打印完稿，观察打印后的效果。

任务评价

任务内容	产品说明书编排设计			
	环节	评价项目	自我评价	学生互评
项目评价	工作能力	思维（5分）		
		实践（5分）		
		创新（5分）		
		表达（5分）		
	学习能力	段落编排设计与制作（20分）		
		主题表现（10分）		
		段落编排设计拓展（10分）		
	综合表现	设计规范（10分）		
		完成时间（10分）		
		视觉效果（10分）		
		协作精神（10分）		
	个人小结			
项目反馈	教师评价			
	综合评价			

注：1. 任务评价各项内容按权重指标评分：自我评价 20%，学生互评 20%，教师评价 60%。

　　2. 个人小结要求不少于 300 字。

■ 任务实训四　书籍内页编排设计

任务要求

1. 参考书本知识梳理中的图例，尝试书籍内页的编排设计。
2. 过程中分析思考和体会文字编排、对齐与疏密关系。
3. 关注版面编排与印刷工艺。

任务评价

任务内容	书籍内页编排设计				
	环节	评价项目		自我评价	学生互评
项目评价	工作能力	思维（5分）			
		实践（5分）			
		创新（5分）			
		表达（5分）			
	学习能力	文字编排设计与制作（10分）			
		对比（10分）			
		对齐（10分）			
	综合表现	主题表现（10分）			
		设计规范（10分）			
		完成时间（10分）			
		视觉效果（10分）			
		协作精神（10分）			
项目反馈	个人小结				
	教师评价				
	综合评价				

注：1. 任务评价各项内容按权重指标评分：自我评价20%，学生互评20%，教师评价60%。
　　　2. 个人小结要求不少于300字。

模／块／小／结

在版面设计中，文字是非常重要的一个环节。文字不仅是传递信息的媒介，而且是影响阅读体验和视觉效果的关键因素。本模块主要介绍了版面设计中文字编排的相关内容，通过知识梳理与任务实训，掌握版面设计文字编排的基本方法和设计技巧，明确工作流程，提高解决问题的能力，为后续的设计工作做准备。

模块导读

　　版面设计就是在版面空间里，将文字、图片、色彩等版面构成要素，根据特定内容的需要进行组合排列，并运用造型要素和形式美原理，把构思与计划以视觉形式表达出来。

　　伴随着当今时代信息量大而快速传播的要求，网格系统在版式设计中已经越发受到人们的重视。作为版式设计中的重要基础，网格系统具有自身的形式与特征，其实网格在版式中是隐形却真实存在的，可以理解为版式设计的参考或规范。

　　网格可将版面的构成元素如点、线、面协调一致地编排在版面上。网格系统在实际版式设计中强调比例感并兼具统一性和准确性等版面艺术特点，同时，运用网格系统营造出的节奏感和层次感，直接影响读者和用户对内容信息的认知速度，从而更好地引导用户。

课件：版面元素与网格

单元一　版面元素

视频：版面元素与网格

■学习目标

　　1. 了解点线面构成方法。

　　2. 学习点线面构成方法在版面设计中的应用。

　　3. 能够运用设计软件进行基本的版面设计和排版。

　　4. 通过对版面元素的合理运用和规划，形成特定的视觉语言，让版面设计始终保持活力和吸引力，传递和引导设计美学。

■ 单元导学

版面的视觉构成元素包括文字、图形和色彩，这些具象元素最终都可以归纳到点、线、面上。点、线、面是构成视觉空间的基本元素，也是版式设计中的主要语言：一个字母、一个页码可以理解为一个点；一行文字、一行空白，均可理解为一条线；数行文字与一片空白，则可理解为面。它们相互依存、相互作用，组合出各种各样的形态，构建成一个个千变万化的全新版面。

点、线、面是从几何学的角度，以抽象观念观察与表现主题。其本身并不能传达一定的信息，若要使这些抽象元素包含一定的信息，设计者必须根据设计需要发挥想象力，通过一定的构成原理与表现形式，将互不相关的视觉元素联系起来，形成特定的视觉语言。点、线、面是画面中最基本的构成元素，是画面的骨架。版面中复杂的组成元素都可以解构成点线面的关系。点、线、面之间没有固定的界限。

点连成线，线多成面，但点、线、面各有其属性与特点，在设计中具有不同的功能与作用。

■ 知识梳理

知识点一 点

当完全空白的版面中只存在一个点元素时，读者的视线就会不自觉地被空白中的点元素吸引，所以点具有汇聚性的视觉效果。点的汇聚可产生集中视线的作用，能使人聚精会神，从而精神高度凝聚而不浮散，这对于信息资源不断丰厚甚至泛滥的当今时代是十分现实的。但是点没有上、下、左、右这样的指向性，因此在设计中可以利用这一特性，将重点内容进行设计，构建成版面布局中点的形式，从而营造突出或强调这一部分的视觉效果。

1. 属性

在版面中，很多细小的形象可以理解为点，它可以是一个圆、一个矩形、一个三角形或其他任意形态。点在本质上是最简洁的形态，是造型的基本元素之一。它具有一定的面积和形状，是视觉设计最小的单位。

点的特征：画面中的点由于大小、形态、位置不同，因此所产生的视觉及心理效果都是不同的（图 3-1 ）。

2. 大小

根据近大远小的原则，大的点显得较近，小的点显得较远；而点越大，作为点的感觉就越弱，点越小，作为点的感觉就越强（图 3-2 ）。

某个元素是否在版面中成为点，不仅在于本身的大小，还要考虑与周围环境的对比。

在平面构成中，就大小而言，越小的图案或形状，作为点的感觉就越强烈。

面积越小的形体越能给人以点的感觉；反之，面积越大的形体，就越容易呈现"面"的感觉。

注：版面中的点不是绝对的。

3. 位置

点所处的空间位置不同，所表达的心理效应也是有很大差别的，悬浮的或下沉的点所带来的心理感受截然不同（图 3-3 ）。

（1）居上：符合人们的视觉阅读顺序。

（2）居中：平稳、稳定、集中感强。

（3）居下：沉淀、安静而低调，不容易被发现。

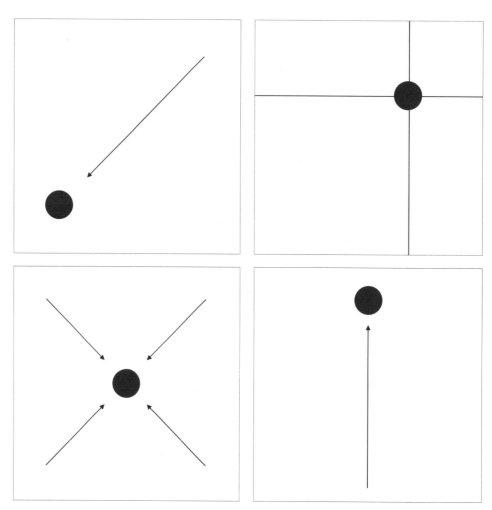

点在画面中所处的空间位置不同，所表达的心理效应有很大差别

图 3-1　点的属性

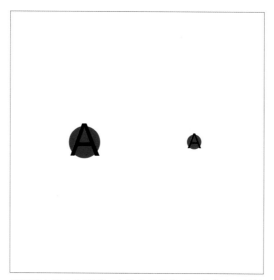

根据近大远小的原则，大的点显得较近，小的点显得较远；而点越大，作为点的感觉就越弱，点越小，作为点的感觉就越强

图 3-2　点的大小

（4）黄金分割点：能吸引人的注意力，版式更具有构图形式感。

点是最小的视觉元素，却是视觉效果最强的元素。如果设计版面时觉得内容平淡乏味，如大量文本或者图片、几何图形置入版面时都会形成面的形态，这时加入几个点，就会活跃整个版面。如文本首字进行放大、标点符号进行放大、在空白处加入小圆形、将一段文本嵌入圆形中等，都是制造点的方法。在点重复中加以疏密关系，营造出空间错落的视觉效果。

居上 当点的位置居于画面中心上方时，会与画面上边产生联系，且符合人的视觉阅读顺序

居中 当点放置于画面的绝对视觉中心时，所产生的视觉效果则会平稳且集中感强

居下 当点出现在画面中心下方时，会有沉淀、安静、低调、不易察觉的感觉，上图文字以点的形式出现在左下角，加强了画面角的关系

黄金分割点 当点正好处于画面的黄金分割点时，能吸引人的注意力，版面更具有构图形式感

图 3-3　点的位置

知识点二　线

线是由无数的点移动组成的，自然界中没有完全意义的线，线是对物体面的概括，是人对一些事物抽象的理解。在版面设计中，线的形成可以是一排排文本，是一些装饰线，是几何图形的变形等，总的来说，分为直线和曲线两类。直线单一而没有变化，不仅会产生隔断的视觉效果，还会使人产生平静、

安逸的视觉感受，曲线则相反。不同的设计要根据线的属性不同进行选择，从而使线和版面内容情感相互衬托，使读者更容易理解内容（图3-4）。

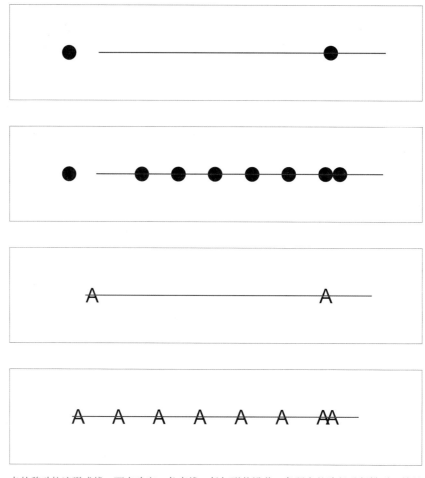

点的移动轨迹形成线，两点确定一条直线，任何形状沿着一条既定的路径重复排列，就具备了线的感觉

图 3-4 线的属性

1. 线的属性

（1）连续性：点的移动轨迹形成线。

（2）分割性：让作品中的元素具有主次清晰的空间感。

（3）方向性：让作品具有很强的引导线功能。

（4）粗细差异：使作品给人带来细腻和刚硬的不同感受。

2. 线的形式

线游离于点与面之间，具有位置、长度、宽度、方向、形状和性格的特点。直线和曲线是决定版式形象的基本要素。每种线都有它自己独特的个性与情感。将各种不同的线运用到版面设计中，就会获得各种不同的效果。一条线可以有很多用途，包括组成、架构、连接、分隔、强调、突显或者封锁等。因此，设计者能善于运用它，就等于拥有了一个最得力的工具。线具有浓烈的情感特征，赋予线在视觉上的多样性，如线的粗细可产生前后效果，线的渐变可产生层次效果，线的放射可产生聚焦或扩散效果。此外，线的重叠可实现从二维过渡到三维的推移，并形成独特的视觉残像。线不但具有情感上的因素，而且具有方向性、流动性、延续性及远近感。它所产生的空间张力为版式设计带来了广阔的思维空间。在版式设计之前，设计者应先对线的运用有一定的了解，知道怎样的线和形比较适合哪一类版面。这是极为重要的条件，也能帮助设计者找到所需要表达的意念（图 3-5）。

线还有明线与暗线之分。明线是指肉眼看得见的线，而暗线是靠心灵感应而形成的线，后者往往更具有一种内蕴的潜在激发力，即含蓄中窥见激越。其实，明与暗大多数是虚实之间的相互制约，而设计水平的高低，全凭虚实在设计中的经营技巧，有时虚空间比实空间更重要。这是由内容与视觉的效果决定的，因此在设计中必须把它们放在一起进行思考。只有虚与实相互呼应、连贯融会、相互渗透，才能促使线型设置充满活力，可以说它是更高层次上的视觉审美。

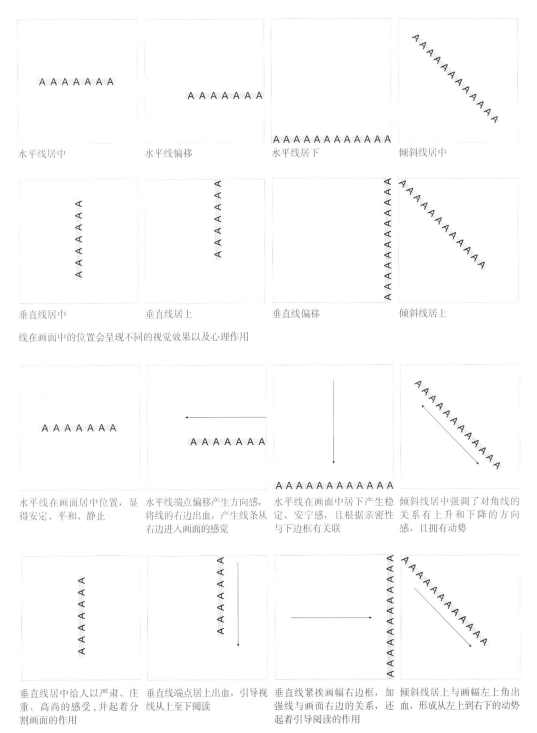

水平线居中　　　　　水平线偏移　　　　　水平线居下　　　　　倾斜线居中

垂直线居中　　　　　垂直线居上　　　　　垂直线偏移　　　　　倾斜线居上

线在画面中的位置会呈现不同的视觉效果以及心理作用

水平线在画面居中位置，显得安定、平和、静止

水平线端点偏移产生方向感，将线的右边出血，产生线条从右边进入画面的感觉

水平线在画面中居下产生稳定、安宁感，且根据亲密性与下边框有关联

倾斜线居中强调了对角线的关系有上升和下降的方向感，且拥有动势

垂直线居中给人以严肃、庄重、高尚的感受，并起着分割画面的作用

垂直线端点居上出血，引导视线从上至下阅读

垂直线紧挨画幅右边框，加强线与画面右边的关系，还起着引导阅读的作用

倾斜线居上与画幅左上角出血，形成从左上到右下的动势

图 3-5　线的形式

（1）形态。线的形态是版面设计的基本元素，是由点的移动方式和移动速度产生的，因此有很强的运动感和情感特征。

线的形态包括曲直、粗细、虚实、连续或间断、有规律或无规律、静止或运动。

线也是人们认识和反映自然形态时最简明的表现形式。在画面上，线通常是对所目睹、感受或想象到的事物的一种概括，能界定各种形状，暗示体积或显示所绘物体的质量。因此，我们能通过线条的组织来创造形象、图案、肌理或描绘阴影等。在长期的演化过程中，线条在绘画上的运用越来越富有表现性、象征性与抽象性（图3-6）。

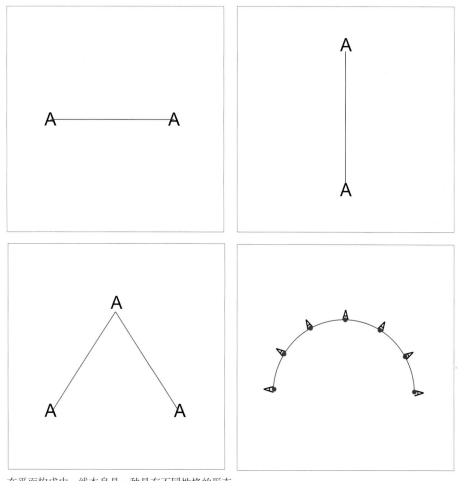

在平面构成中，线本身是一种具有不同性格的形态

图3-6　线的形态

（2）分割及形式。

①线的分割。线的分割包括平行线分割、直线分割、弧线分割、垂直与水平分割和自由分割。

②线的形式。线的形式包括线的方向、线的远近、线的明暗、线的虚实。

知识点三　面

画面中比点大、比线宽的形态称为面。在版式设计中，面的概念无所不包、无所不在，所有的设计要素都有一定的形状，是受边沿的限定而形成的。设计者要学会把每个要素都看成一种形状和有意义的符号，这是非常重要的，因为我们正是把这些形状运用在设计中，而观者看到的也正是这些形状。对形状的敏感程度标志着设计者能力的高低。

1. 属性

点的扩散成为线，线的移动成为面，而面的表现都是依赖于形的，也就是人们习惯称呼的图形。因此，形是指形象与形状，如圆形、方形、三角形就是一切造型的基础形状；形象一般指人物形象，也包括社会的、自然的环境和景物。面在空间上占有的面积最多，因而在视觉上要比点、线来得强烈、实在，具有鲜明的个性特征（图 3-7）。

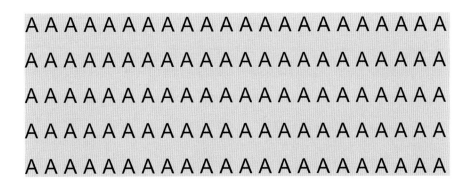

面可以是点的放大线的重复，线的分割也可形成各种比例的面

图 3-7　面的属性

2. 形态

（1）面的大小：面积大的面，给人扩张感；面积小的面，给人向心感。

（2）面的虚实：实面，如填实的色块、大幅的图片、夸张的视觉符号或者字母等，人们也称其为积极的面。虚面，可以表现为版面的背景或空白，人们也称其为消极的面。面的虚实会产生层次的美感，这种虚实在视觉上会有不同的感受，同时在心理上会有不同的量感。实面在心理上一定会比虚面体现一种重量感，感觉沉甸甸地出现在画面中，而虚面会有一种透视的空间感觉。但虚面、实面也都是这些元素之间相对而言的（图 3-8）。

面可分为几何形和自由形两大类。因此，在版式设计中要把握相互之间整体的和谐，才能产生具有美感的视觉形式。

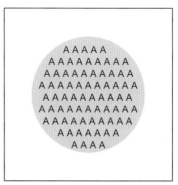

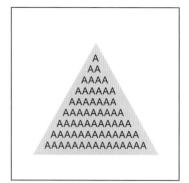

方形的面给人平稳、安定、静止、寂静、秩序、严肃、庄重之感

圆形的面给人完美、有弹力、易亲近之感，相较于直面更加柔软，但由于圆形过于完美，会有呆板、缺少变化之感，通过修改后可弥补

三角形的面边缘的斜线带来速度、紧张、锐利之感，也很简洁明快

在平面构成中，不同形态的面具有不同的视觉效果

图 3-8　面的形态

自由形：表现非具象效果时，因空间力场的不规则变化而显得浪漫、富于情趣，具有感性美。直线面刚硬、男性化，曲线面柔和、女性化。

几何形：空间形态清晰，视觉传达效果显著，具有理性美。可以分为几何直线面和几何曲线面。

3. 面与空间

形有正形与负形之分。所谓正形，是指设计者将各设计元素布局在版式空间里，即视觉能感觉到的形，反之，则是负形。如果用黑白来表示，那么黑色代表正形，白色就是负形，因为白色是作为背景出现的，但在一定条件下，两者可相互转换，互为因果，不能分割。正负形的替换可以引起人们的注意，因为它产生了意想不到的对比效果，正负形的协调可帮助传达信息的含义（图 3-9）。

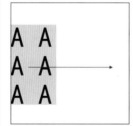

面的缩小引起了视觉注意，表现了点的意义

面的放大使版面稳定有条理

面的偏移强调与其中二边的关系

面的倾斜使构图更具动态感和空间感

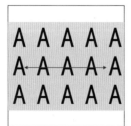

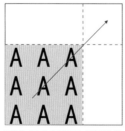

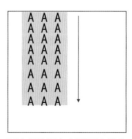

面的贯穿具有较强的视觉冲击力，与出血两边有沿展性

面的四边和角强调与画面的关系，也起引导和分割的作用

面本身的形态在画面中的表达也有所不同，上图的面从上至下且贴近左边

面的形态必然依附一定的空间形态，与空间相对的正负两个面的关系也尤为重要

面与空间的比例控制着画面的整体组织关系

图 3-9　面与空间

正负形也可以用图与底的关系来看待，包括三种类型：一是固定性图与底，图形放在背景上面；二是可变性图与底，图形与背景同样突出；三是模糊性图与底，既是前景又是背景。图与底相互借用在一个特定的版式空间里，彼此相互观照，恰似暗含着两种不同含义的相关语，两者之间或是相反，或是相连、相关。根据相互统一、相互排斥的物理原理，正负形组成了各不相让的局面，正是由于这种矛盾关系才显出形的特殊艺术魅力，给人视觉上的满足感。

知识点四　点、线、面的关联

点、线、面的和谐是一种视觉心理上的感觉，通过点的凝聚与扩散、线的情感与扩张、形的正负形表现把握好点、线、面的关联技巧，就能促使点、线、面经营的独特化、个性化成为可能。点、线、面等元素的运用和组合，是版面设计的灵魂所在。只有掌握了这些基本元素的特性和规律，才能创造出既美观又有效的版面设计。点、线、面的运用和组合，不仅能够创造出美观的视觉效果，还能够有效地传达信息和引导观众的注意力。

点是构成版面设计的最基本元素之一。它可以是文字、图形、图标等，通过大小、颜色、形状等属性来吸引观者的注意力。例如，通过使用大而醒目的标题和副标题，可以吸引读者的眼球；通过使用小而精致的图标，可以帮助观者快速理解信息。

线是连接点的重要元素。它可以用来划分版面、引导视线、表达动态等。例如，通过使用直线和曲线，可以创造出稳定和动态的效果；通过使用粗线和细线，可以表现空间的深度和层次感。

面是构成版面设计的主要元素。它包括背景、边框、图案等。通过合理的布局和设计，可以创造出统一和谐的视觉效果，同时也能够有效地突出重点信息。例如，通过使用大面积的背景色块，可以营造出宽广的空间感；通过使用对比鲜明的边框和图案，可以突出主体内容。

点、线、面的关联最终还是要由人进行具体感受和评判，即能否与具体的功能相和谐。从版式本质上来说，图形和文字是完全不同的语言形式，设计者要调整它们的个性，创造出设计的协调性，才能促使彼此规划统一。

■ 任务实训一 点的分析与布局训练

任务要求

1. 明确并分析设计目标，分析页面的主题和设计目标受众。

2. 思考规划布局点在不同空间位置的效果。

3. 设计规划布局不同大小的点在页面中的效果。

任务评价

任务内容	点的分析与布局训练			
	环节	评价项目	自我评价	学生互评
项目评价	工作能力	思维（5分）		
		实践（5分）		
		创新（5分）		
		表达（5分）		
	学习能力	"点"编排设计与制作（10分）		
		位置（10分）		
		大小（10分）		
	综合表现	主题表现（10分）		
		设计规范（10分）		
		完成时间（10分）		
		视觉效果（10分）		
		协作精神（10分）		
	个人小结			
项目反馈	教师评价			
	综合评价			

注：1. 任务评价各项内容按权重指标评分：自我评价20%，学生互评20%，教师评价60%。

2. 个人小结要求不少于300字。

■任务实训二　线的分析与布局训练

任务要求

1. 观察生活中的广告设计、网页、杂志、画册等媒介中线的表达形式及效果应用。
2. 分析和规划布局线在页面不同位置的轨迹及表现效果。
3. 设计规划布局线在页面的形态及形式。

任务评价

任务内容	线的分析与布局训练				
	环节	评价项目		自我评价	学生互评
项目评价	工作能力	思维（5分）			
		实践（5分）			
		创新（5分）			
		表达（5分）			
	学习能力	"线"编排设计与制作（10分）			
		形态（10分）			
		方式（10分）			
	综合表现	主题表现（10分）			
		设计规范（10分）			
		完成时间（10分）			
		视觉效果（10分）			
		协作精神（10分）			
	个人小结				
项目反馈	教师评价				
	综合评价				

注：1. 任务评价各项内容按权重指标评分：自我评价 20%，学生互评 20%，教师评价 60%。
　　2. 个人小结要求不少于 300 字。

■ 任务实训三　面的分析与布局训练

任务要求

1. 收集广告设计、网页、杂志、画册等媒介中面的表达形式及效果应用。
2. 制图规划布局面在页面的形态及形式。
3. 设计规划布局面的空间关系。

任务评价

任务内容	面的分析与布局训练				
	环节	评价项目		自我评价	学生互评
项目评价	工作能力	思维（5分）			
		实践（5分）			
		创新（5分）			
		表达（5分）			
	学习能力	"面"编排设计与制作（10分）			
		形态（10分）			
		空间（10分）			
	综合表现	主题表现（10分）			
		设计规范（10分）			
		完成时间（10分）			
		视觉效果（10分）			
		协作精神（10分）			
	个人小结				
项目反馈	教师评价				
	综合评价				

注：1. 任务评价各项内容按权重指标评分：自我评价20%，学生互评20%，教师评价60%。
　　2. 个人小结要求不少于300字。

■ 任务实训四 点、线、面关联的分析与布局训练

任务要求

1. 分析解读全国职业院校技能大赛视觉艺术设计赛项相关命题要求，运用点、线、面的关联协同完成赛题。

2. 通过调整点的大小、位置和聚集度，增强版面的视觉冲击力和空间感。

3. 规划出引导读者的视觉流程线。

4. 运用不同形状和质感的面积，创造层次感和对比度，提高版面的可读性和美观度。

任务评价

任务内容	点、线、面关联的分析与布局训练				
	环节	评价项目	自我评价	学生互评	
项目评价	工作能力	思维（5分）			
		实践（5分）			
		创新（5分）			
		表达（5分）			
	学习能力	点、线、面编排设计与制作（10分）			
		位置（5分）			
		大小（5分）			
		视觉流程（5分）			
		层级（5分）			
	综合表现	主题表现（10分）			
		设计规范（10分）			
		完成时间（10分）			
		视觉效果（10分）			
		协作精神（10分）			
	个人小结				
项目反馈	教师评价				
	综合评价				

注：1. 任务评价各项内容按权重指标评分：自我评价 20%，学生互评 20%，教师评价 60%。

2. 个人小结要求不少于 300 字。

单元二　网格

视频：网格

■学习目标

　　1. 了解网格构成的基本概念和作用。

　　2. 掌握网格设计方法和技巧。

　　3. 能够利用网格进行版面设计，合理布局设计元素，确保整体协调性和易读性，创造出美观、和谐、生动的设计作品。

　　4. 通过掌握九宫格排版的方法和技巧，在学习和传承中国传统文化中帮助学生提高审美能力。

■单元导学

　　网格是用来设计版面元素的一种方法，其实就是用于版式编排的一种无形格式，主要目的是帮助设计师在设计版面时有明确的思路，它使设计师能将丰富的设计元素有效地安排在一个页面上，能够构建完整的设计方案。从本质上说，它是一件设计作品的骨骼，可以帮助设计师在编排文字与图片的时候，更规范地将其编排在页面中，使版面整齐规范。网格可以让设计师在设计中考虑得更全面，能够更精细地编排设计元素，更好地把握页面的空间感和比例感。

　　人们把版面设计中的网格分为水平构成、水平垂直构成、倾斜构成三种类别。

　　本单元将从正方形的九宫格讲述网格的基本原理，在了解网格的基本原理后，就可进一步探究各种类型版面的不同的网格设计。

■知识梳理

知识点一　网格的水平构成

　　网格是一种结构，通过线的垂直或者相交来构建一个参考界线。通过这个参考界线，人们可以在一个单一的容器中，把容器里的内容，以参考界线进行对齐，从而有秩序地布局组织并罗列分布，从而实现一个较好的视觉秩序感，提升阅读效率的同时增加美感。

　　因为网格是一种结构，所以网格本身不一定可见（少部分作品会使用网格做装饰），但这种结构会映射到内容元素的布局，影响信息的排列美感及阅读效率。因此，在确定网格的边界和约束后，设计师就可以根据网格对内容的位置比例进行调整约束，达到一个比较理想的版式设计。

　　九宫格是中国古代的一种数学工具，最早起源于中国。数千年前，我们的祖先就发明了洛书，其特点较之数独更为复杂，要求纵向、横向、斜向上的三个数字之和等于15，而非简单的九个数字不能重复。在中国传统文化中，九宫格被广泛应用于书法、绘画、建筑、地理等领域。九宫格方法是一种非常实用的版面设计技巧，通过掌握九宫格方法的各种方面和应用技巧，设计师可以更方便地进行版面布局和元素安排。

1. 水平构成

　　（1）构成要素。构成要素包括3×3的结构、6个灰色的矩形、圆。

　　圆的作用：是一种平衡因素（构成的视觉控制和对比），是一种活跃有力的因素，具有极大的视觉力量。

在水平系列中，所有的矩形要素必须保持水平。

正确示范：所有的要素都是水平的，所有的要素都用上了，而且没有超出版面，没有重叠，圆可以放在任何位置，但不与其他要素重叠。

错误示例：在水平系列中，所有的构成要素必须水平（图 3-10）。

错误示例：构成要素不能重叠，不能超出版面（图 3-11）。

错误示例：构成要素的长度必须吻合横格（图 3-12）。

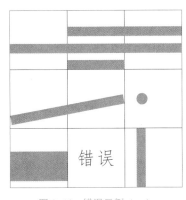
图 3-10　错误示例（一）

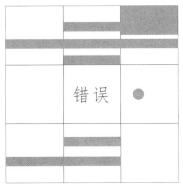
图 3-11　错误示例（二）

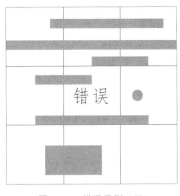
图 3-12　错误示例（三）

（2）组合。要素之间紧密联系，产生直接的视觉关系，相同或不同的要素组合在一起就产生了韵律、节奏和肌理。版面构成被简化，而虚空间或未被使用的空间区域得到强化，鲜明的秩序被建立。

如果没有组合，只有 7 个独立的视觉要素，版面就会显得缺乏组织，杂乱（图 3-13）。

有组合，通过组合，构成要素的数量减少，结构简化，并且强化了虚空间（图 3-14）。

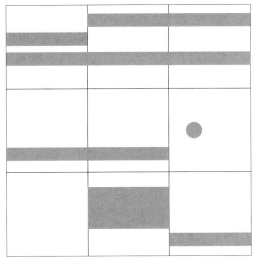
图 3-13　要素没有组合

图 3-14　要素有组合

（3）要素组合。

组合相同的要素：相同宽度的矩形要素可以组合在一起（图 3-15）。

组合不同的要素：不同宽度的矩形要素也可以组合在一起（图 3-16）。

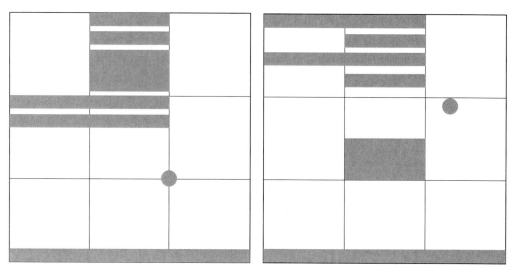

图 3-15　组合相同要素　　　　　　　　　　　　图 3-16　组合不同要素

（4）虚空间。当构成要素没有得到很好的组合，每一个周围都是虚空间时，那些虚空间就会显得杂乱，整体构成显得无序、无组织。当那些构成要素组合在一起后，虚空间就会变少也会变大，一个简化之后感觉更加协调的整体构成就会建立起来。

①杂乱的虚空间：在这个没有组合的构成中，至少有 10 个空白矩形，这个构成显得无序，在视觉上毫无吸引力（图 3-17）。

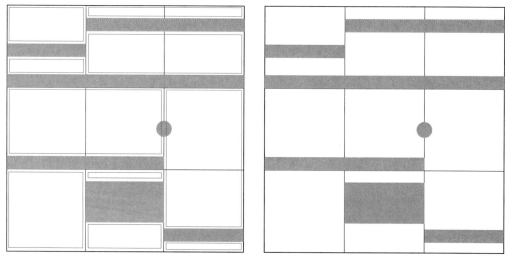

图 3-17　杂乱的虚空间

②简化的虚空间：在这个组合的构成中，有 6 个空白矩形。这些空间不仅在数量上减少，而且变得更大，所以看起来更加舒适（图 3-18）。

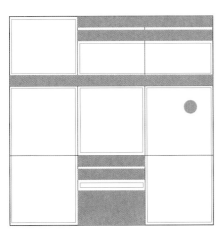
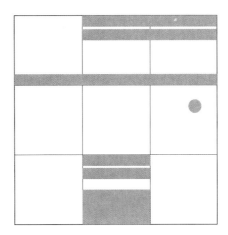

图 3-18　简化的虚空间

2. 网格的水平构成的排列方式

人们将最长的构成要素（横跨版面三个格子）按照其不同的放置位置划分出三种处理方式（图 3-19）。

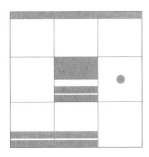
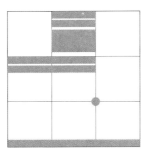
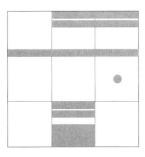

图 3-19　长矩形放置在顶部、底部、内部

把最长的矩形放在顶部位置，紧贴版面的顶边，或是非常接近版面的顶边。这个设计少了内部的协调感，顶部留下虚空间，感觉沉闷。许多要素没有组合而显得杂乱，并且底端没有很好地利用（图 3-20）。

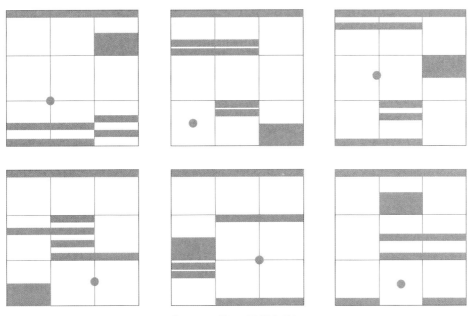

图 3-20　长矩形放置在顶部

把短矩形放置在长矩形上方并接触顶边，虚空间被激活，同时与下边的短矩形很好地进行了组合。将中矩形的行距缩小，减少了虚空间，最宽的短矩形沉底，使构成感觉更加开阔（图 3-21）。

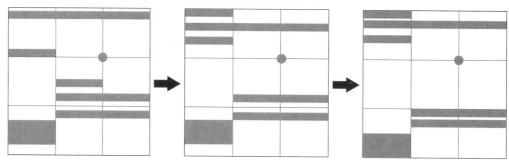

图 3-21　空间调整

底部是最稳定的放置位置，而且给其他要素都带来了稳定性。长矩形放置在底部位置，其他要素可以在上面的空间里自由移动，因为稳定性已经存在于下面了（图 3-22）。

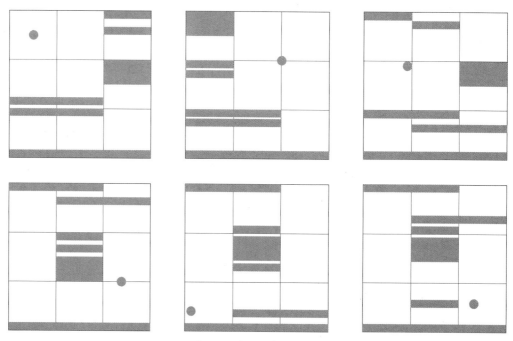

图 3-22　长矩形放置在底部

最长矩形放在内部的位置是可变的，由于长矩形将版面分割成两个较小的矩形，如果没有其他构成要素放置在它们中间，版面就会显得沉闷，看起来不舒服。这两个矩形至少要各放一个构成要素，整个空间才会被激活（图 3-23）。

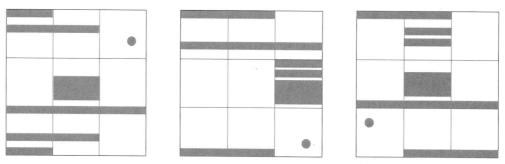

图 3-23　长矩形放置在内部

知识点二　网格的水平垂直构成

　　水平垂直构成更加活泼，这是由构成要素或横或竖的导向对比以及虚空间的种种变化所致，文字要替代这些矩形要素，因此观看顺序应该是设计师考虑的重要因素（图3-24）。当文字代替矩形后就存在看文字是从顶部向底部还是从底部向上部看这样的问题，阅读的次序取决于版式设计，眼睛会围绕这个设计而转动。当圆作为构成的中心时，它常常变成观者眼中的支点（图3-25）。

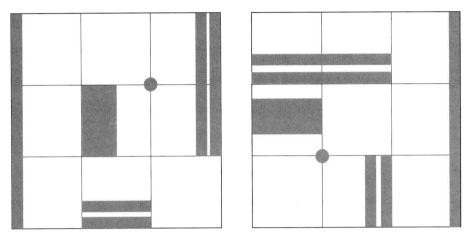

图 3-24　网格的水平垂直构成

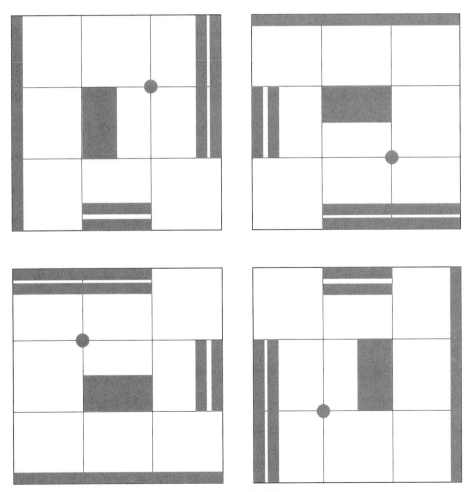

图 3-25　圆作为构成的中心

1. 水平垂直构成的旋转

在网格排版中，水平和垂直方向的元素可以通过旋转来创造动态和层次感。

（1）水平线旋转。当水平线或水平形状在网格中旋转时，它可以为页面带来动态感。这种旋转可以模拟运动或强调某个方向。

（2）垂直线旋转。垂直线或垂直形状在网格中旋转，通常是为了强调其高度或深度。这种旋转可以为页面添加立体感或创造出有趣的视觉效果。

网格排版中的旋转可以使用在标题、图片、图形或任何其他元素上，用以打破传统的布局规则，为设计带来更多的活力和创意。但使用旋转时，也需要注意不要过度使用，以免造成视觉混乱。

2. 水平垂直构成的阅读导向

文字的阅读导向，不管是从底部向顶部还是相反，都需要和其他要素相一致。

（1）顺时针阅读导向。垂直字行已经定好了导向，所有要素都以顺时针导向阅读，这使读者的视觉很舒服（图3-26）。

（2）冲突的阅读导向。垂直字行的导向和其他字行的导向相冲突。当读者费力地把目光从一个阅读导向移到另一个阅读导向时，视觉上会很不舒服。然而，由于视觉信息的简短，因此阅读导向的冲突不是特别明显（图3-27）。

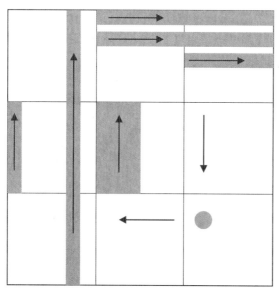 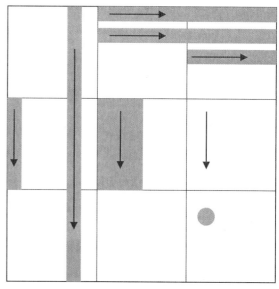

图 3-26 顺时针阅读导向　　图 3-27 冲突的阅读导向

知识点三　网格的倾斜构成

倾斜构成是一系列构成中最复杂的，构成要素可以被处理成导向一致或导向冲突，由此形成的空白空间都是三角形的。倾斜式网格设计时，要注意受众群体的接受能力，要以水平网格的原理为前提进行创新，尽量避免两个以上角度的阅读视角，设置中的图文搭配要注意形式和内容的统一性。

倾斜式网格发挥作用的原理与水平网格相同，文本和图像元素成角度倾斜，但因为网格可以设置成任何角度，所以设计师便能够打破常规，以不同寻常的方式展现自己的创意风格。根据版面的需要，网格设置与版面成夹角的形式，由于倾斜式网格打破常规视线，塑造倾斜的文字与图片，因此带给读者新鲜的视觉效果和时尚的节奏感，但是在版面中采用倾斜式网格，要谨慎处理倾斜的角度，不能造成阅读困难和图文变形，因此，大多数情况采用15°、30°、45°的倾斜（图3-28）。

（1）同一导向 45°。

（2）冲突导向 45°。

3×3 网格放置的位置可以变化，而且利用版面的四边能够创造出张力。

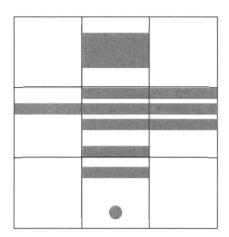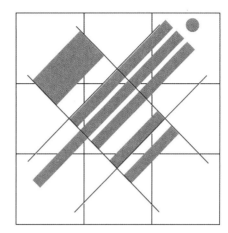

图 3-28　网格的倾斜构成

知识点四　四边联系与轴线的关系

在实际的版面设计中，轴线的确定可以影响版面元素的布局、方向和视觉效果。通过合理组织四边联系和轴线关系，可以实现版面的整体性和美观性，增强版面的视觉效果和吸引力。

1. 四边联系

（1）构成要素：3×3 的结构、6 个灰色的矩形、圆。

（2）圆的作用：是一种平衡因素（构成的视觉控制和对比），是一种活跃有力的因素，具有极大的视觉力量。

弱的四边联系：由于没有要素连着顶线和底线，沉重而呆滞的空白空间就充塞了这个构成的顶和底（图 3-29）。

强的四边联系：由于构成与四边都有接触，所有空间都被激活，版面看起来很舒展（图 3-30）。

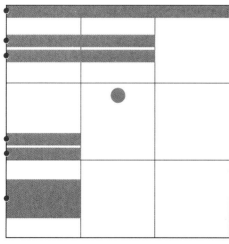

图 3-29　弱的四边联系

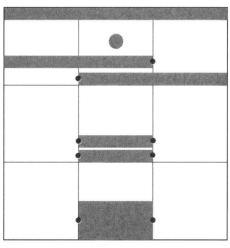

图 3-30　强的四边联系

如果没有任何构成元素靠近顶端边线和底端边线，虚空间就会挤压构成要素，整个结构就显得缥缈无根。反之，虚空间就能很好地利用起来，整个构成会因为这种视觉扩张而显得大气（图 3-31）。

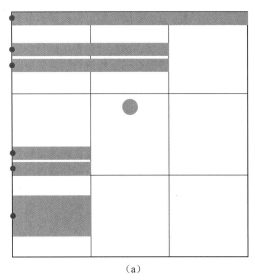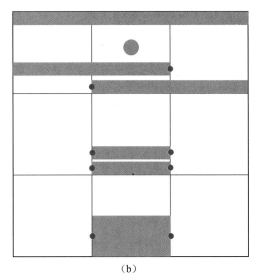

（a）　　　　　　　　　　　　　　　　（b）

图 3-31　强弱的四边联系对比

（a）弱的四边联系；（b）强的四边联系

2. 轴线关系

网格中的构成要素会形成一些轴线，当一根轴出现在结构内部时，就形成了鲜明的视觉关系，结构就有了视觉秩序感。左边线和右边线的轴虽然也能带来秩序感，但视觉上显得很弱。单独一个构成要素不能创造出一根轴，两个或更多的构成要素才能建立起轴。一般地，呈线性排列的要素越多，轴就会显得越牢靠。

弱的轴线关系：在这个构成中，左边的轴线关系很弱，轴在左边线上，就使视觉离开了整个版面。

强的轴线关系：中间一栏上的两根轴在视觉上就感觉强健有力，因为有更多的构成要素呈线性排列在这两根轴上。

要素需要更紧密的组合，从而简化构成，而且内部的轴线也需要加强。

两个中等矩形仍然是各自左右偏移，但它们变得更加紧密，而且与两个小矩形也组合起来。

宽矩形也被排列在底端中部来固定构成，而且圆被放置在中心，以强化中间一栏的轴线。

知识点五　网格分栏与构图比例

网格是利用垂直和水平的参考线，将画面简化成有规律的格子，再依托这些格子作为参考，以构建秩序性版面的一种设计手法。网格把版面划分为不同的版块，按照分割方向的不同分为栏和块。分栏和分块是网格的重要组成部分。栏和块的规格确定了文本和图片在版面上的宽窄，这种限定也规范了版面的尺寸。

1. 对称式网格

对称式网格是指版面中左右两个页面结构完全相同，用在出版物的通页中。传统意义上的版面，页面的对称非常重要，通过中心轴的镜像重复达到完全平衡的布局，左右两侧的外边缘留白互为镜像。对称式网格的主要作用是组织信息，平衡左右版面，通过双页的对称版心传达出一种和谐感，为网格带来平衡和对称的效果。

对称式网格主要分为对称式栏状网格与对称式单元格网格两种。

（1）对称式栏状网格。人们把页面纵向分成几栏，文字在每一栏里面整齐地排列，就是分栏。对称式栏状网格中的栏是指印刷文字的区域，可以使文字按照一种方式编排。对称式栏状网格根据栏的位置和版式的宽度，左右页面的版式结构是完全相同的，其作用是组织信息及平衡左右页面。栏的宽窄直接影响文字的编排效果，可以使文字编排更有秩序，使版面更加严谨。无论是宽的还是窄的，甚至是倾斜的，分栏的形式对文字的可读性有非常明显的作用。对称式栏状网格分为单栏、双栏、三栏、四栏甚至多栏网格等。

①单栏对称式网格。单栏对称式网格中，文字的编排显得过于单调，容易产生阅读疲劳，一般用于小说、文学著作等文字性书籍（图3-32）。

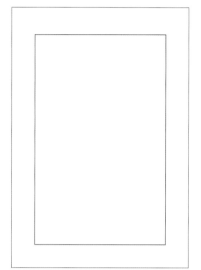

图3-32　单栏对称式网格

②双栏对称式网格。双栏对称式网格结构能更好地平衡版面，使阅读更流畅。双栏对称式网格在杂志版面中运用十分广泛，但是版面缺乏变化，文字的编排比较密集，画面显得有些严肃（图3-33）。

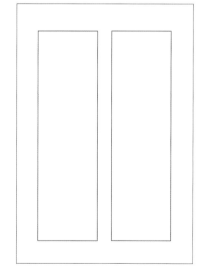

图3-33　双栏对称式网格

③三栏对称式网格。三栏对称式网格将版面分为三栏，这种网格结构适合信息文字较多的版面，可避免每行字过多造成的阅读疲劳感。三栏对称式网格的运用使版面具有活跃感，打破了单栏的单调、双栏的严肃（图3-34）。

对于以文本为主的版式，通常使用两栏或者三栏简单的网格。对于以插图、图片为主的版式，通常使用三栏以上复杂的网格。

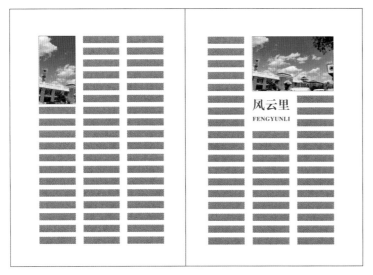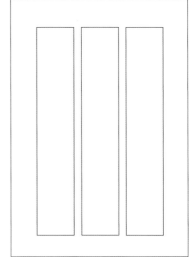

图 3-34　三栏对称式网格

④多栏对称式网格。多栏对称式网格结构适合编排一些有关表格和图片数量较多形式的文字，网格越复杂，设计就越具有灵活性。每一个文本是靠间隔分开的，间隔线可以在文本框之间制造一个视觉上的间隔。间隔的尺寸、形状和风格的不同可以展示不同的文字内容，并使设计有一种非常戏剧化的感觉（图 3-35）。

图 3-35　多栏对称式网格

分栏宽度会影响页面的整体视觉效果，同时也会影响页面的使用效率及分栏内文字的阅读难易程度。版面中的分栏宽度由字体的宽度（字体所占据的宽度）、每一个分栏宽度与页面的比例决定。这三个变量相辅相成，改变任何一个都会对其他两个产生影响。

分栏宽度一般根据页面的大小设置，每一栏的宽度与页面的比例要相对合适，而且要留出必要的做注释、做笔记的空间。这个大小与页面的大小相关，也和选定的字体相关。

（2）对称式单元格网格。对称式单元格网格是将版面分成同等大小的单元格，再根据版式的需要编排文字和图片。在编排的过程中，单元格之间的间距可以自由调整，但每个单元格四周的间距必须是相等的。这样的网格结构灵活性强，可以随意编排文字和图片。版式设计中单元格的划分，使整个版面呈现规则、整洁、有规律的视觉效果（图 3-36）。

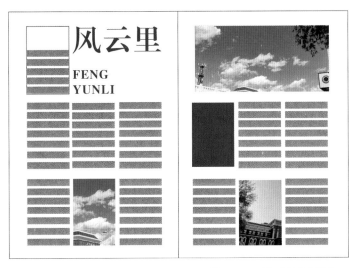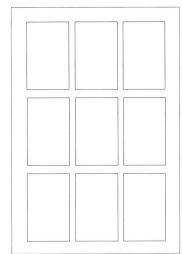

图 3-36　对称式单元格网格

2. 非对称式网格

非对称式网格是指左右版面采用近似或不同的编排方式，它不像对称式网格那样严谨。

非对称式网格为一些特定元素的设计提供了别出心裁的机会，它在设置内容时更为灵活，同时又能使整体设计保持和谐一致。在编排过程中，可以根据版面需要，调整网格中栏的大小比例，使整个版面更灵活。

非对称式网格主要分为非对称式栏状网格与非对称式单元格网格两种。

（1）非对称式栏状网格。在版式设计中，非对称式栏状网格虽然左右页面的网格栏数基本相同，但是两个页面并不对称。非对称式栏状网格与对称式栏状网格相比更具有灵活性，版面更活跃。

三栏和四栏非对称式栏状网格图示中，页面的左右留白呈现向左或向右偏的倾向，互相之间并未形成镜像效果（图 3-37）。

（2）非对称式单元格网格。版式设计中非对称式单元格网格属于比较简单的版面结构，也是基础的版式网格结构。因为有单元格的结构划分，设计师可以根据版面的需要，将文字与图形编排在一个或几个单元格中。非对称式单元格网格大多应用在图片编排上，页面的左右留白呈现向左或向右偏的倾向，互相之间并未形成镜像效果。非对称式单元格网格打破了版面的呆板、单调，使整个版面更加生动。

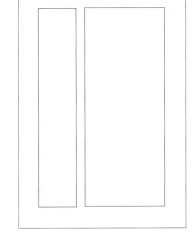

图 3-37　非对称式栏状网格

■任务实训一　网格的水平构成编排设计

任务要求

1. 使用网格系统进行版面设计，包括创建网格、设置网格间距、调整网格大小等操作。

2. 分析实际案例，运用所学的网格的水平构成知识解决实际问题。

3. 完成实践项目，并以 PPT、图表、演说、辩论、文字小结等多种形式对本任务进行自我评价与反馈。

任务评价

任务内容	网格与水平构成编排设计				
	环节	评价项目		自我评价	学生互评
项目评价	工作能力	思维（5分）			
		实践（5分）			
		创新（5分）			
		表达（5分）			
	学习能力	网格的水平构成编排设计与制作（10分）			
		构成要素及组合（15分）			
	综合表现	排列方式（15分）			
		设计规范（10分）			
		完成时间（10分）			
		视觉效果（10分）			
		协作精神（10分）			
	个人小结				
项目反馈	教师评价				
	综合评价				

注：1. 任务评价各项内容按权重指标评分：自我评价 20%，学生互评 20%，教师评价 60%。

　　2. 个人小结要求不少于 300 字。

■ 任务实训二　网格的水平垂直构成编排设计

任务要求

1. 理解和掌握版面设计中网格的水平垂直构成的基本概念和原理。

2. 在实际应用中根据网格的水平垂直构成因素来制定网格的规模、结构、元素和风格等参数。

3. 学会用网格系统来规划和布局文字、图像、色彩等设计元素，营造版面氛围。

任务评价

任务内容	网格的水平垂直构成编排设计			
	环节	评价项目	自我评价	学生互评
项目评价	工作能力	思维（5分）		
		实践（5分）		
		创新（5分）		
		表达（5分）		
	学习能力	网格的水平垂直构成编排设计与制作（20分）		
		旋转（10分）		
	综合表现	阅读导向（10分）		
		设计规范（10分）		
		完成时间（10分）		
		视觉效果（10分）		
		协作精神（10分）		
	个人小结			
项目反馈	教师评价			
	综合评价			

注：1. 任务评价各项内容按权重指标评分：自我评价 20%，学生互评 20%，教师评价 60%。

　　2. 个人小结要求不少于 300 字。

■ 任务实训三　网格的倾斜构成编排设计

任务要求

1. 根据主题和目标，收集和准备所需的设计素材，规划倾斜式网格类型，并设置网格参数。

2. 建立倾斜式网格后，将版面划分为包括标题、内容、图片、图表等不同的区域，根据区域划分情况，合理安排设计元素形成版面。

3. 通过调整倾斜角度和网格线，引导读者的视线移动，使版面更加生动和有趣。

任务评价

任务内容		网格的倾斜构成编排设计		
	环节	评价项目	自我评价	学生互评
项目评价	工作能力	思维（5分）		
		实践（5分）		
		创新（5分）		
		表达（5分）		
	学习能力	网格的倾斜构成编排设计与制作（10分）		
		同一导向（15分）		
		冲突导向（15分）		
	综合表现	设计规范（10分）		
		完成时间（10分）		
		视觉效果（10分）		
		协作精神（10分）		
	个人小结			
项目反馈	教师评价			
	综合评价			

注：1. 任务评价各项内容按权重指标评分：自我评价 20%，学生互评 20%，教师评价 60%。
　　2. 个人小结要求不少于 300 字。

■ 任务实训四 书籍版面设计

任务要求

1. 收集整理书籍版面中关于四边联系与轴线关系的网格设计，通过实例分析，解析书籍的版面设计中四边联系与轴线关系。

2. 运用四边联系的概念，将书中内容划分为若干部分，并确定每个部分的位置和范围。通过轴线的设计，将各个部分的内容串联起来，形成一个完整的版面布局。

3. 根据主题和内容，选择合适的色彩和字体，以增强版面的视觉效果。

任务评价

任务内容	书籍版面设计			
	环节	评价项目	自我评价	学生互评
项目评价	工作能力	思维（5分）		
		实践（5分）		
		创新（5分）		
		表达（5分）		
	学习能力	四边联系与轴线关系编排设计与制作（10分）		
		四边联系（15分）		
		轴线的应用（15分）		
	综合表现	设计规范（10分）		
		完成时间（10分）		
		视觉效果（10分）		
		协作精神（10分）		
	个人小结			
项目反馈	教师评价			
	综合评价			

注：1. 任务评价各项内容按权重指标评分：自我评价20%，学生互评20%，教师评价60%。
  2. 个人小结要求不少于300字。

■任务实训五 促销宣传册中网格分栏编排设计

任务要求

1.选择全国职业技能大赛视觉艺术设计赛项命题，运用网格分栏方法设计促销宣传册。

2.技术规格与要求：

（1）源文件格式为 ai 或 cdr；

（2）宣传册成品展开尺寸：180 mm×240 mm；

（3）分辨率：350 dpi，四色印刷，出血 3 mm；

（4）源文件在画面外侧标注说明材质和工艺；

（5）制作自翻版拼大版文件，所有页面一同拼入，文件上应包含出血、裁切标记等相关信息；

（6）将所有设计及关联信息内容放置在一张 A3（297 mm×420 mm）页面中，形成 PDF 文档。

任务评价

任务内容		促销宣传册中网格分栏编排设计		
	环节	评价项目	自我评价	学生互评
项目评价	工作能力	思维（5分）		
		实践（5分）		
		创新（5分）		
		表达（5分）		
	学习能力	网格分栏编排设计与制作（10分）		
		对称式网格（15分）		
		单元格网格（15分）		
	综合表现	设计规范（10分）		
		完成时间（10分）		
		视觉效果（10分）		
		协作精神（10分）		
	个人小结			
项目反馈	教师评价			
	综合评价			

注：1.任务评价各项内容按权重指标评分：自我评价 20%，学生互评 20%，教师评价 60%。

2.个人小结要求不少于 300 字。

—— 模/块/小/结 ——

在版面设计中，版面元素与网格是非常重要的一个环节，版面元素编排设计能帮助人们创造出美观且具吸引力的版面效果；合理地运用网格，能够有效地提高工作效率和质量，构建出具备良好可读性和视觉效果的设计秩序。通过本模块的知识梳理与任务实操，掌握版面元素与网格设计编排的方法和技巧及工作流程，提升个人与他人的沟通与交流能力，为后续的设计工作做准备。

视频：规格与出血

知识拓展：校企合作项目案例——《皱舍民宿》

知识拓展：校企合作项目案例——《招生指南 2019》

P101 知识拓展：校企合作项目案例——《招生指南 2020》

色彩

　　版面设计的色彩不但可以突出主题，还可以加强设计作品的视觉冲击力、吸引受众的目光，是整体设计中的重头戏。在前面模块的学习中，我们已经很好地掌握了版面设计中图、字、版面元素与网格三部分的理论知识与应用技巧。在接下来色彩模块学习中，将重点关注版面设计中的色彩联想和色彩搭配。

单元一　色彩联想

■ 学习目标

　　1. 了解版面设计中色彩的基本知识。

　　2. 掌握版面设计中色彩属性、色彩联想及色彩模式等基本规律，为后续版面设计的学习和实践做准备。

　　3. 关注中国传统文化中的色彩内涵，传承中华优秀传统文化，提升个人修养和审美能力。

课件：色彩

视频：版面色彩

■ 单元导学

　　色彩联想可以帮助营造版面氛围，掌握色彩联想的基本规律，学会版面设计中色彩的选择与取舍，有助于准确传递主题信息和诉求，增强设计内涵，给人以最直接、最迅速的视觉冲击力。

　　版面设计中色彩可以先于其他版面构成元素给人留下先入为主的印象，并衬托其他元素，加强整体设计的可识别性。

　　色彩是版面设计中重要的视觉元素之一，不同的色彩使人产生不同的情绪，进而引起相应的心理变化，合理的使用色彩并进行合适的搭配，可以吸引人们的注意力，使人们印象深刻，达到传达目标。

■ 知识梳理

在版面设计实践中，虽然文字、图形是信息的主体部分，但色彩的视觉冲击力最强，也最能够使人感知版面中的个性化特征，是能够影响视觉感受的最活跃因素。色彩本身具有表现力，可以刺激人的大脑产生某些方面的共鸣。在版面设计中，色彩可以使平淡无奇的版面焕然一新（图4-1），表达出最直接、最真挚的思想感情。

图4-1　色彩冲击力强的图片，能够吸引观者注意力（学生参赛作品：《快克新青年》，作者：王媛）

1. 色彩形成

色彩是人对光的一种视觉效应，光通过刺激眼睛将信息传输到大脑的视觉中枢，它是一种视知觉。

色彩来源于光，光是感知色彩的必要存在。光的波长不同色相也不同，光的强弱不同明度也不同。不同颜色、不同强度的光与物体固有色和所处的环境色共同形成了最终的视知觉色彩。

2. 色彩属性

色彩可分为色相、明度、纯度三大属性，合理的色彩属性可以定义四季、定义味道、定义新鲜程度等（图4-2），可以引起兴奋感、忧郁感和平静感，可以产生软硬之感。

图4-2　不同色相、明度、纯度的色彩先于其他元素给人以不同的直观感受（学生参赛作品：《冰泉牙刷》，作者：刘文婧）

（1）色相。色相是色彩的长相，色相可以用来区别不同颜色的表相特征，例如赤、橙、黄、绿、青、蓝、紫七种颜色就是如此（图4-3、图4-4）。不同的光波长度决定了不同的色相，将色相按照不同的波长进行循环排列可以得出数量不同的色环。

图4-3　不同色相的色彩构成了不同色彩对比的画面
（学生参赛作品：《民族团结》，作者：郭佩旺）

图4-4　不同色相的色彩构成了不同色彩对比的画面
（学生参赛作品：《连通梦想》，作者：刘文婧）

（2）明度。明度是色彩的视觉明暗程度，任何一种色彩明度最高时都是白色，明度最低时都是黑色。也就是说，在软件的调色盘中，色彩越靠向白，亮度越高（图4-5）；色彩越靠向黑，亮度越低（图4-6）。

图4-5　不同明度色彩在版面设计中的实例（学生参赛作品：《马应龙眼霜》，作者：郭潇燕）

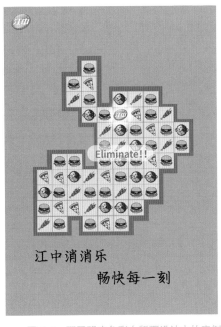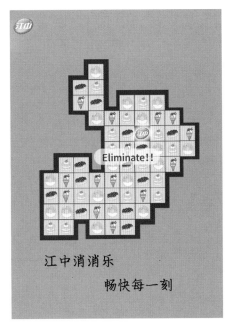

图 4-6 不同明度色彩在版面设计中的实例（学生参赛作品：《消消乐》，作者：芦智美）

（3）纯度。纯度是指色彩干净程度，也可以理解为饱和度或鲜艳度，色彩越干净纯度就越高，色彩越黯淡纯度就越低。

色彩的三种属性之间有一定的关系规律，不同的色彩不仅色相不同，明度和纯度往往也不相同。当色彩纯度高时有特定的明度，明度改变则纯度下降，色相变化则明度产生关联变化。实际操作中，高纯度、高明度的色彩有前进感，低纯度、低明度的色彩有后退感（图 4-7）。

图 4-7 版面设计中结合色彩的前进感和后退感可以突出版面主体（学生参赛作品：《守护每一节》，作者：郝若云）

3. 色彩联想

色彩联想是指在版式设计中所运用的色彩为消费者提供色彩感知，引导其联想到其他事物的现象。这种现象在版面设计中非常常见，从温度、质量、空间、性别、地域、年龄等方面都可能产生联想。

（1）色彩象征。不同的色彩有不同的象征意义，色彩能够与人们的经历、情绪、观念等相互作用，产生特殊的心理知觉。在版式设计实操中，有意识地将有象征意义的色彩与想要表达的主题相对应，有利于帮助主题更深入地进行表达，从而引导目标消费者融入意境、接受信息。多年积累的生活经历使人们逐渐对一些色彩有了象征性的认识（图4-8、图4-9），因此，版面设计中的色彩选择与取舍是传达设计内涵的关键。

图4-8 相同主体的不同色彩选择给人不同的感知和感受，可以表现不同的主题（学生参赛作品：《吃得"消"》，作者：杨海清）

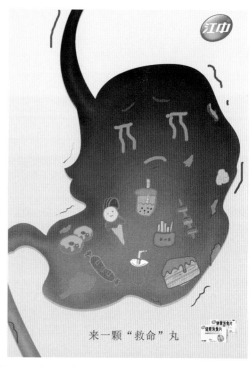

图4-9 相同主体的不同色彩选择给人不同的感知和感受，可以表现不同的主题（学生参赛作品：《吃不"消"》，作者：王婧）

在进行跨文化设计时，应该注意不同文化对于色彩的理解和使用习惯。红色是我国文化中的基本崇尚色，一方面传说中怪兽"年"害怕正红色，中国年时常大量使用正红色，在中国人心中红色也就成为喜庆和兴旺的代名词（图4-10）；另一方面由于中国共产党最初的政权叫"红色政权"，在中国人心中，红色还是成功和进步的代名词。在西方文化中，红色却象征着残暴和血腥，是相当贬义的色彩，具体设计时一定要考虑目标对象群体对色彩的理解和使用习惯。

不仅不同国家的人们对色彩有不同的理解和使用习惯，在同一个国家不同民族中人们对色彩也有不同的理解和使用习惯。在我国传统文化中，白色对于汉族来说是不吉利的颜色，象征着枯竭、死亡和厄运，常在葬礼中使用；白色对于蒙古族来说是最崇尚的颜色之一，是白云和乳汁的颜色，象征着纯洁、美丽和庄重，常在婚礼中使用。

图4-10 红色象征喜庆，联想到中国的新年（学生参赛作品：《开心团圆》，作者：王媛）

（2）色彩冷暖。色彩按知觉度对比可分为冷色和暖色，通常冷色是指黄绿色、绿色、蓝绿色、蓝紫色和紫色，暖色是指黄色、黄橙色、橙色、红橙色、红色和红紫色。色彩冷暖是人类触觉对外界的冷暖感知的反映，其生理功能需求和生活环境经验是这种视觉感受触觉的联想基础。暖色使人感觉温暖，产生兴奋、积极甚至激动的心理；冷色使人感觉清爽，产生镇静、平缓甚至压抑的心理。色彩的冷暖并非是绝对的，而是相对的，是在一定条件和对比之下产生的，在设计实践中要灵活运用冷暖变化规律（图4-11）。

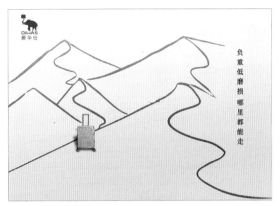

图4-11　相同构图的版面分别选择冷色与暖色作为主体色，给人的心理感受完全不同（学生参赛作品：《爱华仕》，作者：李硕）

（3）色彩联想。色彩会引起观者对过往经历的联想，给人感情上的共鸣，使人联想到与之有关的其他事物，产生较为主观的联想。例如，蓝色使人联想到天空、粉色使人联想到少女、白色使人联想到纯洁等。版面设计中可以使用色彩联想来表达情感，创造美的关系，减少阅读障碍。

一年四季不同的温度给人不同的感受，将不同的色彩与四季联系起来，可以引起观者的联想，从而产生共鸣和共情。在版面设计中，恰当地使用色彩联想可以快速地创造出令人印象深刻的视觉效果（图4-12）。

图4-12　根据一年四季温度的不同选择相应的配色，能够引起观者的联想与共鸣（学生参赛作品：《四季精灵》，作者：杨玉叶）

4. 色彩模式

设计中的色彩主要涉及两种模式：一种是光的三原色（RGB），另一种是色料的印刷四分色（CMYK）。

（1）光的三原色（RGB）。光的三原色具体来说就是 R 朱红光、G 翠绿光、B 蓝紫光三种原色光（图4-13）。计算机或电视中显示的图像都是由红、绿、蓝这三色光构成的，属于加法混合型构成，参与的颜色越多越亮。该模式在电子屏幕显示方面具备优势，在用于印刷时需要调整成为 CMYK，过程中会产生偏色。

（2）印刷四分色（CMYK）。C 黑色料、M 品红色料、Y 柠檬黄色料、K 湖蓝色料四种印刷色料的混合套色印刷，理论上可以混合出一切颜色（图 4-14）。CMYK 是印刷出版专用模式，常用于实物的印刷展示与应用，属于减法混合型构成，参与的颜色越多越暗，实物展示时偏色较少。

图 4-13　光的三原色（RGB）　　　　　　　图 4-14　印刷四分色（CMYK）

■ 任务实训一 版面中的色彩联想训练

任务描述

　　收集具有典型色彩联想特征的各类版面设计资料，从色彩的规律及其形成的版面风格的象征以及联想进行分析和解读，从而进一步掌握版面中色彩联想相关理论知识及其应用。

任务要求

　　1.通过本任务，学生了解并掌握色彩相关理论知识，进而掌握色彩联想在版面设计中的应用。

　　2.遵循色彩规律，把握色彩的色相、明度、纯度三个属性之间的关系。

　　3.运用色彩规律形成版面风格，注意复杂色彩象征及色彩对情绪和心理的影响。

任务评价

任务内容	版面中的色彩联想训练			
	环节	评价内容	自我评价	学生互评
任务评价	色彩属性	色彩色相（10分）		
		色彩明度（10分）		
		色彩纯度（10分）		
	色彩表达	色彩象征（10分）		
		色彩冷暖（10分）		
		色彩联想（10分）		
	综合表现	完成时间（10分）		
		工作态度（10分）		
		协作精神（10分）		
		归类总结（10分）		
	个人小结			
任务反馈	教师评价			
	综合评价			

　　注：1.任务评价各项内容按权重指标评分：自我评价20%，学生互评20%，教师评价60%。

　　　　2.个人小结要求不少于300字。

■任务实训二 "色彩联想"系列海报设计

任务描述

大学生广告艺术节学院奖、全国大学生广告艺术大赛等赛事命题，任选其一完成系列海报设计（图4-15）。

图4-15 学生参赛作品：《四季守护》，作者：马文慧

任务要求

1. 以色彩为切入点，运用色彩规律组织版面，完成系列海报设计。

2. 收集与切入点内容相关的图片资料，包括照片、色卡、设计、文献等，并进一步拓展与切入点内容相关的文字资料，以拓展可供选取的色彩范围。

3. 将收集资料根据表现程度分类整理并进行分析总结，选择最能够与切入点关联，产生有效联想的色彩，确定最能够体现主体的版面色彩。

4. 经过前期的分析和总结，进一步关联主题与色彩，根据色彩联想选择典型化文字和图案，构思出10个以上的草图。

5. 确定主题文案，字体与文案内容和选定色彩及其联想高度适合，能够相互配合快速直接地突出主题。

任务评价

任务内容		"色彩联想"系列海报设计		
	环节	评价内容	自我评价	学生互评
任务评价	色彩表达	色彩象征（10分）		
		色彩冷暖（10分）		
		色彩联想（10分）		
	设计制作	文字搭配（10分）		
		图片搭配（10分）		
		主题表现（10分）		
		完成时间（10分）		
	综合表现	工作态度（10分）		
		软件应用（10分）		
		协作精神（10分）		
	个人小结			
任务反馈	教师评价			
	综合评价			

注：1. 任务评价各项内容按权重指标评分：自我评价 20%，学生互评 20%，教师评价 60%。
　　2. 个人小结要求不少于 300 字。

■ 任务实训三 "色彩联想"主题宣传画册设计

任务描述

全国职业技能大赛视觉艺术设计赛项命题:"印象中国"主题宣传画册,用于活动的宣传推广。

任务要求

1. 设计背景资料。

中国有悠久的历史、灿烂的文化、壮美的山河、繁荣的经济、和谐的社会、勤劳的人民……在每个中国人的心里,这些已然成为民族自豪和文化自信的基石,为了增强民族自信,凝聚时代力量,传播中国声音,展示真实立体的中国,某市文化部门举办了"印象中国"的主题活动。

2. 设计要求。

以"印象中国"为主题设计宣传画册。设计作品必须围绕"印象中国"的主题展开,视觉效果应符合时代审美,有较强的艺术性,设计内容应能够激发人们对中国的印象共鸣。

3. 技术规格。

(1)含封面、封底共 8 页设计(不留空白页),封面、封底自由设计。除封面、封底外,封二、封三及内页需体现页码;文本、图像的编排设计自定。

(2)源文件格式为 ai;

(3)画册成品尺寸为 210 mm×285 mm;

(4)分辨率为 300 dpi,四色印刷;

(5)源文件需标注说明材质和工艺。

任务评价

任务内容	"色彩联想"主题宣传画册设计			
	环节	评价内容	自我评价	学生互评
任务评价	色彩表达	色彩象征（10分）		
		色彩冷暖（10分）		
		色彩联想（10分）		
	设计制作	文字搭配（10分）		
		图片搭配（10分）		
		主题表现（10分）		
		完成时间（10分）		
	综合表现	工作态度（10分）		
		软件应用（10分）		
		协作精神（10分）		
	个人小结			
任务反馈	教师评价			
	综合评价			

注：1. 任务评价各项内容按权重指标评分：自我评价 20%，学生互评 20%，教师评价 60%。

　　2. 个人小结要求不少于 300 字。

单元二　色彩搭配

■学习目标

1. 了解色彩的种类及其特点。

2. 掌握版面设计中单色搭配和多色搭配的不同效果与特点，为后续版面设计的学习和实践做准备。

3. 学习中国色彩理念和色彩美学，传承中国色彩文化。

■单元导学

本单元主要介绍版面设计中的色彩搭配使用知识，是设计中非常核心的环节，结合前面色彩联想部分内容的学习，进一步深入学习色彩在版面设计中的使用技巧。

色彩搭配是版面设计时必须考虑的因素之一，好的色彩搭配具有层次感、节奏感，能有效地吸引观者的眼球，影响观者的情绪，快速传达设计的主题。

学好色彩搭配，才能对色彩进行有目的、有意义的选择和搭配，从而在版面中取得更好的视觉效果。

■知识梳理

任何版面设计方案，都需要有适当的颜色搭配与之相适应，色彩赋予版面节奏和生命。很多初学者认为色彩搭配是靠感觉，其实不然，色彩搭配是有法可循的。版面设计中我们需要树立正确的色彩观念，知道色彩是没有单独使用的，而颜色其实是没有好坏之分的，只有整体色彩搭配不协调才会产生不良的视觉感受。

1. 色彩的种类

色彩可分为有彩色和无彩色两大类。有彩色同时具备色相、明度、纯度三种属性；无彩色仅具有明度属性，不具备色相和纯度两种属性。

（1）有彩色。除无彩色黑、白、灰以外的所有色彩（图 4-16），包括纯色及其混合后产生的其他色彩。从理论角度掌握好常用色环的相关知识，可以快且优地对版面进行设计，节省大量时间和精力。

（2）无彩色。无彩色也称非彩色或中性色，包括黑、白、灰（明暗不同的多种灰色）三色（图 4-17）。黑色是明度最低的无彩色，有高级感，常常被用来象征时尚、稳重和高科技，是版式设计中运用较多的色彩之一。白色能够与其他色彩构成多种形式的搭配关系，在版面设计中常常大面积使用，以构成虚空间。灰色具有高品位之感，常常被用来象征高级感与科技感。

具体使用中，黑白是最基本和简单的搭配，白字黑底或白底黑字效果都非常清晰。灰色是万能色，不仅可以跟任何颜色搭配，还可以帮助两种对立的颜色和谐过渡。

图 4-16　有彩色图像（学生摄影作业）　　　　图 4-17　无彩色图像（学生摄影作业）

2. 色彩的搭配

在版面设计的具体实践中，人们对不同色彩的搭配会有不同的感受，单色搭配与多色搭配可以产生完全不同的感受，色彩之间的相互作用关系称为色彩对比。合理使用色彩对比关系，可以形成合理的颜色搭配，从而掌握色彩的使用方法。

不同的色彩搭配可以给人带来完全不同的感受，例如冷暖、空间、重量、味觉这些感受都可以通过色彩的搭配来体现；邻近色可以带来和谐之感，对比色可以带来冲突之感。恰当的色彩搭配可以引起消费者的注意，为主题和情趣的表达提供极大的帮助；可以保证版面的易读性，有助于处理好版面设计各个元素之间的层次和关系，使信息传达变得方便、快捷和舒适。

（1）单色搭配。

①明度对比。明度对比是指色彩明暗程度的对比，包括高明度对比、中明度对比和低明度对比，主要用来表达色彩的层次与空间关系，可以使画面显得清晰、明快（图 4-18）。

明度可以使色彩有轻重之感，明度高的色彩使人感觉轻快，明度低的色彩给人沉重之感。

图 4-18　图像的明度对比（学生摄影作业）

②纯度对比。纯度差异可以形成色彩的对比，包括高彩对比、中彩对比、低彩对比和艳灰对比。与

明度对比和色相对比相比，纯度对比更加柔和，使用得当可以使色彩更加鲜明，从而达到引人注目的效果，使用不当就会产生灰、脏甚至模糊的效果，具体可以通过增加色彩的纯度从而增强色相的明确性来进行调整。

在明度相同的情况下，纯度高的色彩使人感觉轻，纯度低的色彩使人感觉重（图4-19）。

明度与纯度都高的色彩，使人感觉华丽；明度与纯度都低的色彩，使人感觉质朴。

明度高、纯度低的色彩，使人感觉柔软；明度低、纯度高的色彩，使人感觉坚硬。

图 4-19　图像的纯度对比（学生摄影作业）

③同类色对比。色彩差在色环上跨度在15°以内的色彩是同类色，同类色是颜色相同但明度不同的色彩，这样的色彩搭配在一起，跳跃性不大，能够表达舒缓、和谐之感。在具体的版面设计实操中，初学者可以通过摄影有意地选择可用的同类色组合运用在设计中（图4-20）。

图 4-20　图像的同类色对比（学生摄影作业）

④中性色/无彩色调和。纯粹的中性色是指无彩色。在设计中，中性色泛指饱和度低的色彩，此类色彩既不属于暖色，也不属于冷色，能够与任何色彩搭配使用，突出其他色彩，在画面中起到和谐与缓解的作用。

无彩色调和是指使用无彩色黑、白、灰系的单纯色彩与其他色彩搭配使用，从而增大视觉冲击力，以表现层次的变化，是很好的衬托与表现方法。

无论是中性色还是无彩色，其调和使用都能够很好地与其他色彩搭配，产生不同的效果（图4-21），具体设计中可以根据目标与要求，理论联系实际快速进行画面表达。

（2）多色搭配。在版面设计中，色彩总是搭配使用的，不同的配色可以给人不同的视觉心理感受，好的配色能够引导交流信息。

①三原色对比。三原色是能够按照一定数量相互混合成其他色彩的基色，理论上三原色使用不同的比例可以混合成任何色彩（图4-22），根据原理可分为光的三原色与颜料的三原色。三原色中一种色彩的对比色是其他两种原色混合的色彩。在版面设计实践中，三原色的对比原理可以广泛运用于色环中的其他色彩，能够帮助设计者快速地选出相对性的三种色彩并运用在设计中。

图4-21　无彩色与其他颜色搭配
（学生作品：《雪豹IP》，作者：马艺文）

图4-22　图像的三原色对比（学生作业）

②邻近色对比。邻近色是指色环位置上接近，色环相差15°～45°的色彩，邻近色相对比不强，色相变化比同类色丰富一些，使用邻近色对比的色彩搭配可以实现色彩的融洽与融合，较为统一的色调搭配可以通过明度和纯度取得变化，从而加强和丰富画面的对比关系。在具体设计实践中，文字色彩与背景色彩尽量不要选择近似色，近似色对比度不强，除非文字是作为装饰使用，不需要表达内容，否则会造成易读性差（图4-23）。

图4-23　邻近色对比，色彩融洽、调和（学生作品：《12生肖－虎》《12生肖－猪》《12生肖－马》，作者：马艺文）

③互补色对比。互补色也称对比色，是指色环中夹角呈180°的色彩，使用互补色对比的色彩搭配

可以实现色彩的强烈对比（图 4-24），使之富有冲击力（图 4-25），达到视觉上的震撼效果，使主体变得更为突出。互补色对比关系处理得当可以营造出鲜明、热闹、强烈的视觉效果，处理不当会产生凌乱、炫目、俗艳的视觉效果，具体可以通过改变对比色的纯度及面积来缓和画面效果。在具体设计实践中，互补色可以帮助文字或图像产生突出效果，易读性较强，使用时需要注意和调整版面的融合度。

图 4-24　互补色对比，主题突出、视觉冲击力强（学生作品：《12 生肖－鸡》《12 生肖－猴》《12 生肖－狗》，作者：马艺文）

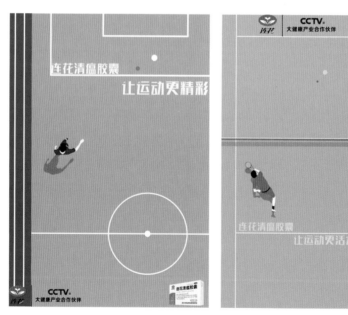

图 4-25　互补色对比，视觉冲击力强（学生参赛作品：《活力在线》，作者：赵盈颖）

　　④冷暖对比。色彩的冷暖知觉度对比，暖色由红色调组成，使人产生温暖的感觉，可以展现温暖、温馨的设定；冷色由蓝色调组成，使人产生寒冷的感觉，可以展现沉稳、专业的设定（图 4-26）。色彩的冷暖对比是色彩对比中比较明显的一种形式，能够为版面营造出一种矛盾关系，从而产生较为震撼的视觉效果（图 4-27）。

图 4-26　图像的冷暖对比，暖色温馨、冷色清冷（学生摄影作业）

图 4-27　作品中色彩的冷暖对比很好地突出了主题（学生作品：《12 生肖－龙》，作者：马艺文）

⑤361黄金配色。361黄金配色是指色彩搭配过程中，颜色分为三种，使用3∶6∶1的配色比例进行搭配，主色占比60%、辅色占比30%、点缀色占比10%，使色彩搭配的配色和比例都能够恰到好处，从而在版面设计中创建专业级的构图感（图4-28）。

在这样的配色中，60%的主色确定了整张图的色彩倾向，搭配30%的辅色可以准确表达出色彩的感情和情绪，点缀色可以使画面更丰富有趣，进一步做出强调和对比（图4-29）。

使用配色手册中的配色，运用361黄金配色可以快速准确地表达出不同的风格。通常情况下，按吸睛程度排列是辅助色—主色—点缀色，在具体版面设计中可以按照这样的理论使用色彩对内容进行表达。

图4-28　图片的361黄金配色（学生摄影作业）

图4-29　设计中的361黄金配色（学生作品：《四大天王》，作者：孔圣伟）

■ 任务实训一　版面中的色彩搭配训练

任务描述

收集具有典型色彩搭配特征的各类版面设计资料，从色彩的单色搭配和多色搭配进行分析和解读，从而进一步掌握版面中色彩搭配相关理论知识及其应用。

任务要求

1. 熟练掌握单色搭配和多色搭配的基础知识。
2. 掌握单色搭配和多色搭配两种色彩搭配技巧。
3. 能够有目的地控制版面中颜色的数量和色彩的饱和度与对比度。
4. 在进行跨文化设计时，应该注意不同文化对于色彩的理解和使用习惯。

任务评价

任务内容		版面中的色彩搭配训练		
	环节	评价内容	自我评价	学生互评
任务评价	单色搭配	明度对比（10分）		
		纯度对比（10分）		
		同类色对比（10分）		
		中性色对比（10分）		
	多色搭配	三原色对比（10分）		
		邻近色对比（10分）		
		互补色对比（10分）		
		冷暖对比（10分）		
		361 黄金配色（10分）		
	综合表现	归纳整理（10分）		
	个人小结			
任务反馈	教师评价			
	综合评价			

注：1. 任务评价各项内容按权重指标评分：自我评价 20%，学生互评 20%，教师评价 60%。
　　2. 个人小结要求不少于 300 字。

■任务实训二 "多色搭配"邀请函设计

任务描述

使用多色搭配方式进行全国职业技能大赛视觉艺术设计赛项命题邀请函的版面设计。

任务要求

1. 创意要求。

所设计的邀请函应与主题相适应，充分发挥自己的创意，邀请函设计可以自行绘制矢量图或点阵图元素，只能使用给定的文本素材。

2. 文字信息素材。

封面文本素材：邀请函。

内页文本素材：

尊敬的先生／女士：

为了感谢您及贵公司对我们长期以来的支持与厚爱，我们将于20××年×月×日在×××（地点），敬请期待您的光临！

落款
年　　　月　　　日

3. 技术规格。

（1）含封面、封底共4页设计（不留空白页），封面必须体现主题；

（2）源文件格式为 ai 或 cdr；

（3）邀请函成品展开尺寸为 180 mm×240 mm；

（4）分辨率为 350 dpi，四色印刷，出血 3 mm；

（5）源文件在画面外侧标注说明材质和工艺；

（6）在设计文件中，必须使用已设计的素材，可根据需要对图片的颜色结构等进行调整；

（7）制作自翻版拼大版文件，邀请函正反面一同拼入该页面内，文件上应包含出血、裁切标记等相关信息。

任务评价

任务内容		“多色搭配”邀请函设计		
	环节	评价内容	自我评价	学生互评
任务评价	多色搭配	比例恰当（10分）		
		对比强烈（10分）		
		构图美观（10分）		
	设计制作	文字搭配（10分）		
		图片搭配（10分）		
		主题表现（10分）		
		完成时间（10分）		
	综合表现	工作态度（10分）		
		软件应用（10分）		
		协作精神（10分）		
	个人小结			
任务反馈	教师评价			
	综合评价			

注：1. 任务评价各项内容按权重指标评分：自我评价20%，学生互评20%，教师评价60%。
　　2. 个人小结要求不少于300字。

■ 任务实训三 "多色搭配"节气台历、书签设计

任务描述

全国职业技能大赛视觉艺术设计赛项命题：中国传统二十四节气文创视觉设计。

使用 361 黄金配色法，以恰当的色彩制作形式感较强的节气台历、书签版面设计，使用多色搭配，选择适当的主色确定版面的色调走势，辅助色可以平衡画面、不抢主体风采，点缀色起到画龙点睛的作用，突出主题。

任务要求

1. 资料背景介绍。

二十四节气是中华优秀传统文化的重要组成部分之一，承载着深厚的精神文化内涵，在我国具有非常久远的历史。其最早起源于黄河流域，是人们长期对天文、气象、物候等进行观察、探索并总结的结果，是我国古代先民独创的一项优秀文化遗产。

西周时期，人们即已测定了冬至、夏至、春分、秋分这最初的四个节气。此后，随着人们测量技术的日益提高及对自然规律认识的进一步加强，到战国时期，完整的二十四节气基本形成，到秦汉时期逐渐完善而形成今天完整的二十四节气系统。

春季	日期	夏季	日期	秋季	日期	冬季	日期
立春	2 月 3—5 日	立夏	5 月 5—7 日	立秋	8 月 7—9 日	立冬	11 月 7—8 日
雨水	2 月 18—20 日	小满	5 月 20—22 日	处暑	8 月 22—24 日	小雪	11 月 22—23 日
惊蛰	3 月 5—7 日	芒种	6 月 5—7 日	白露	9 月 7—9 日	大雪	12 月 6—8 日
春分	3 月 20—22 日	夏至	6 月 21—22 日	秋分	9 月 22—24 日	冬至	12 月 21—23 日
清明	4 月 4—6 日	小暑	7 月 6—8 日	寒露	10 月 8—9 日	小寒	1 月 5—7 日
谷雨	4 月 19—21 日	大暑	7 月 22—24 日	霜降	10 月 23—24 日	大寒	1 月 20—21 日

应用才是最好的传承，将中华传统文化以各种形式广泛地应用在生活中，促进文化传承、认知与创新。

2. 设计要求。

（1）台历（最少 6 页）：含节气名称主题，所含图形、色彩与主题相对应，充分发挥自己的创意，可以自行绘制矢量图或点阵图元素。

（2）书签（最少 4 页）：含节气名称主题，所含图形、色彩与主题相对应，充分发挥自己的创意，可以自行绘制矢量图或点阵图元素。

3. 文本素材。

日历素材电子版。

4. 技术规格。

（1）文本、图像的编排设计自定；

（2）源文件格式为 ai 或 cdr（转曲线）、psd；

（3）成品尺寸：自定，标注材质及工艺；

（4）设计稿颜色 CMYK，分辨率为 300 dpi；

（5）源文件在画面外侧标注说明材质和工艺。

任务评价

任务内容		"多色搭配"节气台历、书签设计		
	环节	评价内容	自我评价	学生互评
	361 黄金配色	主色占比（10 分）		
		辅色占比（10 分）		
		点缀色占比（10 分）		
任务评价	设计制作	文字搭配（10 分）		
		图片搭配（10 分）		
		主题表现（10 分）		
		完成时间（10 分）		
	综合表现	工作态度（10 分）		
		软件应用（10 分）		
		协作精神（10 分）		
	个人小结			
任务反馈	教师评价			
	综合评价			

注：1. 任务评价各项内容按权重指标评分：自我评价 20%，学生互评 20%，教师评价 60%。
  2. 个人小结要求不少于 300 字。

模/块/小/结

　　色彩的运用是版面设计的核心任务之一，也是版面设计中最有效、最快捷、最方便的设计手段之一。本模块对版面设计中色彩联想和色彩搭配相关知识进行梳理，将职业技能大赛、专业技能大赛引入课堂进行实操演练，以具体职业岗位要求为标准进行实战设计训练，有助于学生掌握色彩基本规律，并在版面设计实践中综合应用，提高版面设计水平，提升审美能力。

MODULE 5

版面拓展——信息图标

在版面设计中，信息图标是一种较为特殊的图文组合表现形式。它可以直观展示统计信息及标识属性，以图标的形式传达信息。在一些公共区域需要有简洁明快的表达，如果使用纯文字就不能强调重点内容，也容易使人产生阅读疲劳，将信息设计为直观的图标，从而代替纯文字性的语言传达，甚至达到语言和文字所不能达到的效果，会使版面更加直接生动。将信息图标纳入版面设计，是拓展版面设计范畴的一种尝试。

信息图标将信息转化为易于理解的可视化传播形式，针对内容复杂、难以描述的数据、信息或知识进行充分的理解、提炼、整理、分类，并通过设计将其视觉化，通过图标简单、清晰地向用户以更为直观的形式展示。信息图标设计不仅从功能上满足人们对于信息的直观了解，同时从感官上带给人们更多的视觉享受。本模块分别从象形图、图解和信息图表三个方面来探讨。

单元一　象形图

■学习目标

1.了解象形图的基本知识及应用领域。

2.掌握象形图的制作流程。

3.在学习交流中学会自学的方法，养成严谨认真的工作态度。

■ 单元导学

与传统版面不同，象形图是用图像来显示数据的图，象形图抓住想要传达的信息的本质，将信息单纯化。通过制作象形图，就能掌握分析能力和设计能力的基础。象形图需要分析什么，要怎么抓住它们各自的特点？

■ 知识梳理

知识点一　象形图初识

象形图活跃于各个领域。纵观象形图的应用范围发现，它无时无刻不在人们身边，如道路边、车站内、商业设施等公共场所，男女老少都会使用，把它作为文字排版的替代。那么，象形图到底是什么呢？

1.象形图的含义

象形图是文字的代替，是语言的图形化补充。使用象形图可以解决以下问题：文字说明空间不足、没有时间做详细说明、语言不通、节省空间、缩短时间、非语言类等。

2.象形图的应用范围

公共场所是象形图使用最广泛的地方。除此之外，象形图也在下列领域被广泛使用：演讲资料、产品包装、使用说明书、计算机、手机操作界面、网站、信息图表、宣传动画、艺术作品等。这比人们以往用文字来表述更加直观，更易于理解（图5-1）。

图5-1　图像应用（学生毕业设计作品）

（1）在信息图表中的活用。象形图在信息图表中的运用经常看到的是和统计图的组合。特别是在柱状图中，为了简明表示各个柱所指示的内容，将其和标签一起使用（图5-2）。

也有直接使用象形图的累加来表示柱本身的情况。对于被要求在限定的图形空间中简明地传递信息的信息图表来说，使用公共场所多处可见的象形图比以往的文字版面信息更直观（图5-3）。

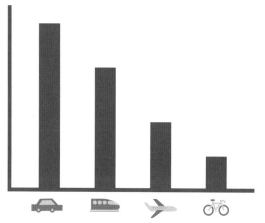

图5-2　象形图（一）

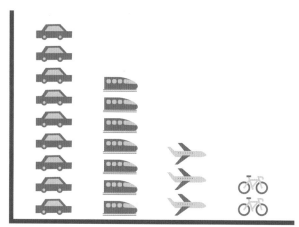

图5-3　象形图（二）

（2）在视频中的活用。象形图被活用于视频的图像部分（图5-4）。现今，视频的在线播放概率在不断增加。插入网页的视频、在智能手机上播放的视频，这些小分辨率的视频无法传递较多的内容，同时，也必须考虑可能被消音播放的状况。在这种情况下，象形图便可大显身手。作为文字的替代，善于在有限的空间中传递信息的象形图，对于在线视频来说是再合适不过了。

（3）在演讲资料中的活用。演讲资料也是象形图活跃的领域（图5-5）。不论是谁都想制作出具有吸引力、简洁明了的资料。被较多使用于资料中的统计图和图形，是传达数值和事物之间关系的不二选择。象形图比较适合直截了当地表现事物特征。如果将作为要点的关键词象形图化，便可以有效吸引听众的注意力。与全是文字的版面资料相比，灵活运用象形图，产生留白，更能够提高演讲资料的设计感。

（4）在网站上的活用。象形图经常使用于网站的导航部分（图5-6）。通常是将单击按钮后会链接到的内容用简洁的文字版面和象形图表示。这样一来，就可以引导网站的访问者不走弯路地找到自己想要的内容。除此之外，象形图也用于标题部分以吸引访问者，或是在为了促使访问者留言、下载、分享等行为的情况下使用。

图 5-4　象形图用于视频图像部分　　　图 5-5　象形图用于演讲资料的图像部分　　　图 5-6　象形图经常用于网站
　　　的导航部分

知识点二　象形图的制作

把基本的人形象形图进行分解，就可以发现它是"圆"和"矩形"的组合。象形图的制作与用积木搭建某物很相似，都是使用许多基本部件和少数特殊形状部件来表现事物。

象形图的制作所必需的是分析能力和设计能力，正如象形图所展现的那样，它是一种图像化的表现形式。

象形图的制作大体上分为五个步骤（图5-7）。在把握整体流程后，可以进入每一步的具体操作。若在制作过程中出现需要返工的情况，也要遵循此流程进行。

图 5-7　象形图的制作步骤

1. 利用目的的确认

不论是进行什么样的设计，都应该先确认使用目的再开始制作。

（1）使用。在多处使用同一张照片和插图时，有时会让人感觉厌烦，象形图是剪影化的图像，多次使用也不容易使人生厌（图5-8）。

在小空间内使用，照片和插图若是缩小的话，就会难以分辨图上的内容。象形图即使缩小，也容易分辨内容。

（2）设计表现。照片和插图若是想要变化，则需要下很大功夫。象形图相对来说易于变化。

①不想强加特定的印象。比方说以花为设计主题时，如果使用照片或是插图，就会施加给受众特定的某种花的强烈印象。象形图可以抽象表现，因此不会使思维局限于刻板印象，可以传达概括性的信息（图5-9）。

②没有理想的素材。想要找齐理想的照片和插图素材需要花费不少时间。象形图设计简单，因此可以适用于各领域的设计，使用方便。

图5-8　剪影化的图像（学生毕业设计作品）　　　　　　　图5-9　抽象表现

（3）使用场所。

①户外：象形图应用于户外的最具有代表性的实例是交通标志（图5-10）。因为交通标志在规格上，相关部门可能会有一定要求，因此有些象形图不能随意制作应用。应用于户外，最重要的是使人们从远处就能准确分辨，无法分辨内容的象形图会在使用中让人做出错误的判断。

②室内：使用象形图的室内场所，如车站内部和商业设施（图5-11）。使用象形图来指示紧急出口、厕所和电梯等的位置。既有采用固定规格象形图的情况，也有原创设计象形图的场合。对设计感有较高要求的场所，一般采用原创设计的象形图。

图5-10　交通标志

图5-11　商业设施

（4）使用媒介。

①纸质阅读：象形图使用于纸质阅读的情况有地图、宣传册、杂志和书籍的设计及面向纸质媒体设计的信息图表等（图5-12）。与使用于室内及户外的象形图不同，它具有特定的读者群。使用原创设计的象形图较多，大多是局限于大概 1 ~ 2 cm 的矩形中的设计，因此，要求设计的象形图在印刷时不会发生模糊。

②屏幕阅读：通过屏幕进行阅览的象形图大多使用于网站和智能手机的导航、在线公开的信息图表等。与纸质媒介相比，制作的尺寸进一步缩小。因此，推荐按可以考虑到的使用范围内最小的尺寸进行设计，而不是按大尺寸设计后再进行缩小。因为在缩小象形图时，有可能会发生线条和间隙重叠的情况。

（5）使用受众。即使是传递同一内容，也会出现设计截然不同的象形图的情况。要弄清楚产生不同的原因，就要明确这是为谁设计的象形图。根据有无特定的受众，可以分为一般性设计和特殊性设计两种。

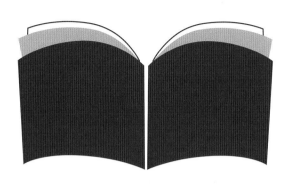

图 5-12　书籍的象形图

①一般性设计：尽可能多地面向更多受众。用于交通标志和车站内的象形图，要锁定其受众是很难的。为了尽可能不让多数人产生误解，就要追求一般性设计。对于颜色的选择，使用红色表示禁止、黄色表示警告等规则，遵循这些约定俗成的规定是必要的。

②特殊性设计：锁定特定的年龄、性别、爱好。使用于智能手机应用程序中的导航，以及具有特定理念的商业设施、美术馆指南上的象形图，它的主要受众是易于锁定的。即使是相同的人形象形图，也会有鲜明的表现形式，或是具有特殊性的设计感（图 5-13）。

图 5-13　使用受众（学生毕业设计作品）

（6）信息传达。信息的种类分为五种，以此来思考如何设计象形图。在信息图表中使用较多的是用于比较的象形图。

①规定："禁止""请遵守"。表示限速和禁止吸烟等的限制、禁止、警告的象形图。在表示禁止时，一般采用附上斜线的设计。在这种情况下，需要传达的信息大多是与生命安全息息相关的，因此在使用新的象形图时，必须格外注意（图 5-14）。

②功能："使用这个"。音乐播放机的"快进"按钮和电梯的"开门"按钮等用于表示功能的象形图，并且它们大多是明确简洁地表示其所具备的功能，通过触摸或是按压来启动功能（图 5-15）。

③状态："现在的状态"。表示电池的剩余电量、手机的信号状况、音量的象形图。为了更好地表现状况的变化情况，大多使用阶梯形的设计。此类象形图被广泛使用在电子产品的操作显示上（图5-16）。

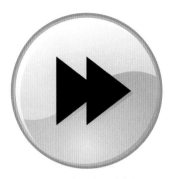

图5-14 表示规定的象形图（图形出自 Illustrator 软件）　　图5-15 表示功能的象形图（图形出自 Illustrator 软件）　　图5-16 表示状态的象形图（图形出自 Illustrator 软件）

④地点："这里是在哪里"。表示紧急出口的所在、洗手间的位置、停车场的地点等的象形图。此类象形图被使用于建筑物内部和地图上，经常与箭头组合使用（图5-17）。

⑤区别："这是什么"。表示体育比赛项目的区别、垃圾的分类（塑料瓶、易拉罐等）的象形图。在信息图表中，为了使数据和项目一目了然，也会使用此类象形图（图5-18）。

图5-17 表示地点的象形图（学生毕业设计作品）　　图5-18 表示区别的象形图（图形出自 Illustrator 软件）

2. 对对象的理解

明确象形图的使用目的后，接下来就要加深对象形图化的对象的理解。

理解对象，就是要提取关键词。象形图的制作从提取将要象形图化的对象的关键词开始比较合理。例如以"社交网络"为主题设计象形图，那就尽可能地列举出有关"社交网络"的关键词。借助关键词的提取，来深入对将要象形图化对象的理解（图5-19）。

3. 构思草图

在深化对对象的理解后，接下来要做的就是要发散画面构思。最好的方法就是画草图。

4. 誊清和调整

画好草图，让思维充分发散后，接下来就是使用绘图软件进行誊清。誊清工作完成后，进行最后的调整，象形图便大功告成。在进行誊清前，建议将草图拿给其他人看，以听取他们的意见。

在此基础上，从草图中选取所要誊清的内容，使用数字类工具将其描绘出来。草图是设计优秀的方案，而誊清是扎扎实实的作业。对作品的质量起决定性作用的正是从关键词转化而来的草图。即使错误，也不能一上来就进行誊清。

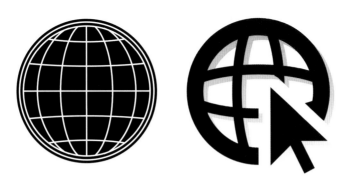

图 5-19　表示社交网络的象形图（图形出自 Illustrator 软件）

象形图往往不是单一使用的，常常是与多个象形图组合使用。多个象形图组合使用时，需要对大小和设计感进行调整。在确定完成实际使用的整体设计时，也有需要进行调整的可能。

5. 用于信息图表的象形图的制作

在信息图表中使用象形图时需做以下准备。

（1）确认信息图表的全貌。象形图只使用于信息图表整体的一部分。在早期阶段，要对能看出信息图表全貌的信息图表形象进行确认。这样做是为了防止"只见树，不见林"的情况发生。

这时，在使用象形图的位置上，放入替代用的象形图，这样会更为容易地把握整体印象。此时不需要深究信息图表的细节。确认信息图表全貌和设计方向、象形图的使用环境才是进行此步骤的目的。就此例而言，由于象形图的附近有文字备注，因此象形图的作用并非文字的代替，而是文字的补充。比起用文字表示全部内容，将内容一目了然地区别开，更容易起到吸引眼球的作用。

（2）开放平台的象形图。在查找开放平台的象形图时，可以访问网站，如果查找顺利，可能不需要另外设计，在网站上就能找到与设计理念相符的象形图。

（3）象形图的完成。配合信息图表的整体设计，对尺寸和色彩进行调整后，象形图就大功告成了。由于插入象形图，普通的条形图变得更为醒目。像 3D 统计图一样，如果认为只要吸引眼球就好，那是不正确的。使用象形图有它的理由。将象形图导入信息图表设计中的好处有两点：一是能增强信息传递力；二是可以比较容易地融入信息图表的设计中。

■ 任务实训一 活用象形图

任务要求

1. 从网站、书籍、公共场所收集有关象形图文字与图像等资料，试着找找身边常见的象形图有哪些，纸质阅读还是屏幕阅读，确认应用场所并做好保存，以便课堂应用。

2. 从所找资料中梳理出象形图所表达的含义及变化规律。

3. 将收集的图文资料编辑成 PPT，以便在课堂上展示分享自己的学习成果。

任务评价

任务内容	活用象形图				
	环节	评价项目		自我评价	学生互评
任务评价	资料收集	主题内容（5分）			
		变化规律（5分）			
		含义梳理（5分）			
		资料多样性（5分）			
	PPT 排版	版式设计（20分）			
		色彩搭配（10分）			
		主题表现（10分）			
	综合表现	工作态度（10分）			
		语言表达（10分）			
		视觉效果（10分）			
		协作精神（10分）			
	个人小结				
任务反馈	教师评价				
	综合评价				

注：1. 任务评价各项内容按权重指标评分：自我评价 20%，学生互评 20%，教师评价 60%。

2. 个人小结要求不少于 300 字。

■任务实训二　制作象形图

任务要求

1. 以学校图书馆为应用场所设计制作象形图，在收集的资料中选择一个最接近生活的主题，如代表卫生间的象形图，绘制草图并转换为图形。

2. 将自己收集的图文资料和设计作品编辑成 PPT，以便在课堂上展示分享学习成果。

任务评价

任务内容	制作象形图			
	环节	评价项目	自我评价	学生互评
任务评价	确定主题	主题内容（5分）		
		图文表达（5分）		
		主题特点（5分）		
		主题创意（5分）		
	设计制作	设计构图（20分）		
		色彩搭配（10分）		
		主题表现（10分）		
	综合表现	工作态度（10分）		
		语言表达（10分）		
		视觉效果（10分）		
		协作精神（10分）		
	个人小结			
任务反馈	教师评价			
	综合评价			

注：1. 任务评价各项内容按权重指标评分：自我评价 20%，学生互评 20%，教师评价 60%。
　　2. 个人小结要求不少于 300 字。

单元二 图解

1. 了解图解的基本知识及应用领域。
2. 掌握图解的制作流程。
3. 协同合作完成项目实践，达到提升分析能力和编辑能力的目的。

■单元导学

图解和信息图表一样，都被用于更有效地传递信息、共享信息。由于共同点较多，图解也被称作信息图表的原型。图形、表格、统计图统称为图解。

■知识梳理

知识点一 认识图解

对于图解来说，分析能力和编辑能力是必要的。例如，用图解来展现男女老幼比例的不同，需要进行怎样的分析和编辑呢？如从身高差异、年龄差异、性别等这些信息中抽取可信度较高的信息，引导出它们的关系，这就是分析。编辑是设定图解的主题，思考如何将内容通过合乎逻辑的方式表现出来。排版和色彩搭配都会为设计图解带来帮助。

那什么是图解？

图解是用简单的图形及简短的文字来说明事物的一种表现方法。单纯文字无法给人留下深刻的印象，也无法进行井井有条的说明。

图解直观、逻辑性强，可以使人印象深刻，图解和象形图一样，都是抓住想要传递的信息的本质，将事物简单化。它们的不同点在于象形图表现的是时间点，而图解也可以表现时间段。图解呈现的是事物发展流程的时间轴和流程之间的相互关系等的故事性。对故事的表述来说，除了分析能力，编辑能力也是必要的。

知识点二 图解的制作

（1）利用目的的确认。与象形图的制作一样，首先应当对利用目的进行确认。

（2）信息的整理。以"资料视觉化的美丽"为题材，开展信息整理工作。下面依次开展信息收集、设定切入点、瘦身化三个步骤。

（3）信息的整顿。整理之后，要进行整顿，就是将瘦身后的信息进行归纳整合。信息的整顿大致通过加标签、排序、结构化三个步骤展开。

（4）故事编排。以结构化的信息为基础，将其编排故事。在这一步中要有起承转合的意识。

（5）设计。确定想要传达的故事内容后，思考以何种形式的图解呈现最为合适。

（6）检查。图解设计完成后，最后的步骤就是检查。检查从以下三个角度展开。

①信息的检查。检查原始信息是否有误，如信息源是否可信，是否有信息时、效、量的问题。

②故事的检查。检查组织的故事是否存在问题，如故事的流程是否有问题，有没有存在只选择利于自己的信息组织故事的问题。

③设计的检查。检查设计是否存在问题，如有没有与故事内容相整合，有没有设计过度。

■任务实训一 图解制作前准备

任务要求

1.整理自己收集的素材，并判断哪些应该是被扔掉的东西，哪些是需要再提炼的。

2.为了方便查询，在整理后的素材上加索引，将信息整顿成能轻松查找的形式。

任务评价

任务内容	图解制作前准备			
	环节	评价项目	自我评价	学生互评
任务评价	资料收集	主题内容（5分）		
		变化规律（5分）		
		数据梳理（5分）		
		资料提炼（5分）		
	资料整理	资料索引添加（20分）		
		色彩搭配（10分）		
		主题表现（10分）		
	综合表现	工作态度（10分）		
		语言表达（10分）		
		视觉效果（10分）		
		协作精神（10分）		
任务反馈	个人小结			
	教师评价			
	综合评价			

注：1.任务评价各项内容按权重指标评分：自我评价 20%，学生互评 20%，教师评价 60%。

2.个人小结要求不少于 300 字。

■ 任务实训二 制作图解

任务要求

1. 确认图解的使用目的，依次开展信息收集、设定切入点等进行信息的整理。通过加标签、排序、结构化三个步骤进行信息整顿，然后开始故事编排、设计和检查（图5-20）。

2. 在设计过程中注意构图的合理化及版面的编排。

3. 将自己收集的图文资料编辑成PPT，以便在课堂上展示分享学习成果。

| 步骤1：
利用目的的确认 | 步骤2：
信息的调整 | 步骤3：
信息的整顿 | 步骤4：
故事编排 | 步骤5：
设计 | 步骤6：
检查 |

图 5-20 图解的制作流程

任务评价

任务内容	制作图解			
	环节	评价项目	自我评价	学生互评
任务评价	制作目的确认	主题内容（5分）		
		结果创意（5分）		
		结果特点（5分）		
		图文表达（5分）		
	图解设计制作	设计构图（20分）		
		色彩搭配（10分）		
		版面编排（10分）		
	综合表现	工作态度（10分）		
		语言表达（10分）		
		视觉效果（10分）		
		协作精神（10分）		
	个人小结			
任务反馈	教师评价			
	综合评价			

注：1. 任务评价各项内容按权重指标评分：自我评价20%，学生互评20%，教师评价60%。
　　2. 个人小结要求不少于300字。

单元三　信息图表

■ 学习目标

1. 掌握并使用有意义的视觉要素。
2. 能够设计内容简洁、有亲和力、充满正能量、易于理解的信息图表。
3. 版面有冲击力，引人注目，为使用者带来便利和美的享受。

■ 单元导学

运用图像使信息更有效地传递是从远古的壁画到象形文字、图鉴、地图、教科书，再到新闻配图、电视节目的台标等，都是从过去到现在，通过各种各样的形式开展的信息图表实例。信息图表再一次受到关注与使用场合增多有一定关系。

■ 知识梳理

知识点一　认识信息图表

信息图表的本质定义是什么？信息图表是为了使信息更易于传播而将信息视觉化的产物，为了使信息更有效地进行传播而应用视觉要素才是制作出优秀信息图表的先决条件。

1. 信息图表的内容

信息图表选取何种题材内容？

对照它的应用范围来看，信息图表的内容可以大致分为传递详细信息的说明用途和提升品牌形象的传播与宣传用途两大类。

（1）说明用途。模型和组合式家具的组装方法、目的地的路径（路线图和地图）、历史教材上出现的年表、地理教科书上的地图、博物馆中的模型等，这些都是信息图表在说明领域的应用实例。信息图表中商品的组装方法、目的地的路径必须正确无误地表达。另外，与大篇幅的文字版式不同，在教科书和博物馆中使用的信息图表，所要求的是具有亲和力和易于理解的特性，从而激发原本对此内容毫不关心的人们的兴趣。

此外，也不能忘记信息图表使用于演讲资料中的情况。在演讲中，为了在短时间内使听众理解内容，需要没有累赘地说明，若是单用统计图和图表，则无法表达清楚复合性的内容，将其进行信息图表化，可以给说明带来很大帮助。

（2）传播与宣传用途。企业、团体在网站、博客、社交媒介上发表的信息图表是公关用作宣传的实例。

企业、团体的相关内容是文章主体，刊登图像也只不过是产品图片、服务概要的简单介绍。通过使用信息图表，可以增加内容的原创性和多样性。与说明用途一样，都需要简明的内容和引人注目的亲和力。

设想对浏览信息图表的人有什么期待（对品牌抱有良好印象，促使他们访问特定网站）？这一点也十分重要。

（3）说明用途和传播与宣传用途。在制作实践过程中也产生了兼有说明用途和传播与宣传用途两个功能的运用方式。它的实际运用之一就是使用于年度报表中的信息图表。

借助图像的力量，虽然不可能提升实际业绩，但可以不遗漏企业重视的财务报表的指标，同时可以激起对年度报表本身的关心。将财务报表、战略重点用简洁明了、充满魅力的图形表现出来的年度报表，对于股东、投资者来说不也正是一种传播与宣传吗？

对个人来说，也有人用信息图表制作个人简历。履历说明、想象力、演讲能力与图像制作能力的展示能同时进行。与年度报表一样，个人简历不仅要着眼于"外在"，内容表达也要简洁明了，充满魅力。

2. 信息图表的设计模式

信息图表最具有代表性的设计模式有表格型（表）、分量型、关系型、地图型、时间轴型、混合型六种。

（1）表格型（表）。两个以上的对象，以复数基准进行比较的时候较适合这种模式（图5-21）。

（2）分量型。此模式适合数值（量）的比较。统计图的全部形式、树状图表现形式、印刷广告表现形式也包含在此模式中（图5-22）。

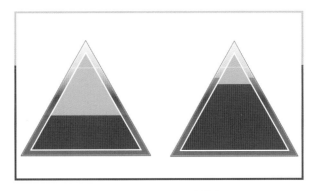

图 5-21　表格型（表）的设计模式　　　　图 5-22　分量型的设计模式
　　　（图形出自 Illustrator 软件）　　　　　　（图形出自 Illustrator 软件）

（3）关系型。此模式适合表明事物间关系的情况。阶层关系可用金字塔型、甜甜圈型、树型表现，集合可以用花瓣型表现，相互关系可以用网状形式表现（图5-23）。

（4）地图型。此模式适合表现具有地图性的特性差别（图5-24）。

图 5-23　关系型的设计模式　　　图 5-24　地图型的设计模式（图形出自 Illustrator 软件）

（5）时间轴型。此模式适合根据时间总结流程的情况，如年表一样的时间轴表现形式。图解篇中出现的目录型和循环型表现也包含在此类型中（图5-25）。

（6）混合型。以上的实例介绍并非信息图表设计的全部。想要传达的内容和设计模式无法完全吻合时，就要思考能否组合运用设计模式。混合型适用于多方面整理分析从各个角度收集的信息（图5-26）。

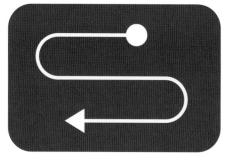

图 5-25　时间轴型的设计模式

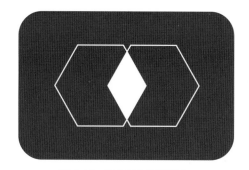

图 5-26　混合型的设计模式

知识点二　信息图表的制作

信息图表的制作流程，如图 5-27 所示。

步骤1：
利用目的的确认　步骤2：
主题的选定　步骤3：
信息调查　步骤4：
确定内容　步骤5：
设计　步骤6：
检查

图 5-27　信息图表的制作流程

（1）利用目的的确认。与象形图、图解的制作一样，信息图表也是从确认利用目的开始制作。

（2）主题的选定。确定利用目的后，要选定信息图表的主题。在这里推荐能使信息收集过程顺利进行的主题。

（3）信息调查。选定主题后，就要开展相关信息的调查。

（4）确定内容。首先对收集的信息进行整理整顿，然后编排故事内容。整理整顿可以使用电子表格处理软件进行。设定切入点，进行信息瘦身。

（5）设计。把想展现的信息以设计模式为基础设计出草图，探索信息图表设计的方向性。

（6）检查。信息图表所用信息是否有误？故事编排是否存在问题？当这些内容都确认完成后，进行设计表现的检查。

知识拓展：校企合作
项目案例——《美术
楼导视》

■ 任务实训一　确定信息图表内容

任务要求

1. 确定自己要制作的信息图表的题材，如经济、美食、人文、环境保护、健康、科技、运动等都适用于信息图表。

2. 收集信息图表的适用内容，如热门话题、指南、结果报告、专业解说、汇总表等。

3. 找到适合信息传播的、具有代表性的信息图表设计模式，完成信息图表设计。

任务评价

任务内容		确定信息图表内容		
	环节	评价项目	自我评价	学生互评
任务评价	资料的收集	数据整理（5分）		
		图表变化规律（5分）		
		话题梳理（5分）		
		资料的多样性（5分）		
	信息图表的模式	是否易于传播（20分）		
		色彩搭配（10分）		
		主题确认（10分）		
	综合表现	工作态度（10分）		
		语言表达（10分）		
		视觉效果（10分）		
		协作精神（10分）		
	个人小结			
任务反馈	教师评价			
	综合评价			

注：1. 任务评价各项内容按权重指标评分：自我评价 20%，学生互评 20%，教师评价 60%。
　　2. 个人小结要求不少于 300 字。

■任务实训二　制作信息图表

任务要求

1.准备带有数据的原始版面素材，在设计信息图表的过程中完成数据表现形式的转换，并与传统版面进行优缺点比较。

2.选定制作主题、决定制作内容、设计绘制草图，并用矢量软件进行制作。

3.将自己设计制作的步骤及内容编辑成PPT，以便在课堂上展示分享学习成果。

任务评价

任务内容	制作信息图表			
	环节	评价项目	自我评价	学生互评
任务评价	图表制作前准备	主题内容（5分）		
		图文表达（5分）		
		图表结果特点（5分）		
		图表结果创意（5分）		
	信息图表设计制作	设计构图（20分）		
		色彩搭配（10分）		
		版面重排（10分）		
		工作态度（10分）		
	综合表现	语言表达（10分）		
		视觉效果（10分）		
		协作精神（10分）		
	个人小结			
任务反馈	教师评价			
	综合评价			

注：1.任务评价各项内容按权重指标评分：自我评价20%，学生互评20%，教师评价60%。

　　2.个人小结要求不少于300字。

模/块/小/结

　　本模块以象形图和图解为切入点，为信息图标的制作打下了基础，后又开始信息图表知识点的学习，学习活用情景、制作要点、思考方式、制作流程，怎样与传统的版面更好地融合，将信息更好地传递，本模块正是从此处迈出灵活运用信息图标的第一步。

参 考 文 献

［1］李金明，李金蓉 . Illustrator CC 完全自学教程 [M]. 北京：人民邮电出版社，2015.

［2］徐亚非，闫晓蓉 . CorelDRAW 平面设计与制作 [M]. 上海：上海交通大学出版社，2014.

［3］曾沁岚，王旭玮 . 版式设计与制作 [M]. 上海：华东师范大学出版社，2022.

［4］郑志强 . 摄影构图零基础入门教程 [M]. 北京：人民邮电出版社，2022.

［5］董磊，张爽，孙莹 . 字体与版式设计 [M]. 哈尔滨：哈尔滨工程大学出版社，2016.

［6］姜宇琼，李鑫泽 . 版式设计 [M]. 上海：上海交通大学出版社，2013.

［7］姜靓 . 版式设计与应用 [M]. 合肥：安徽美术出版社，2016.

［8］张晓勤 . 浅谈中西文化颜色词的独特象征意义 [J]. 山东广播电视大学学报，2019（1）：41-42.

［9］（日）樱田润 . 信息图表设计 [M]. 施梦洁，译 . 上海：上海人民美术出版社，2019.

［10］张志云 . 图话：信息图表设计与制作专业教程 [M]. 北京：清华大学出版社，2017.

［11］张静 . 版式设计 [M]. 南京：南京大学出版社，2014.